BusinessVillage

ANDREAS WILL

SPONSOREN FINDEN

PRAXISWISSEN FÜR DIE ERFOLGREICHE SPONSORENSUCHE

BusinessVillage

Andreas Will
Sponsoren finden
Praxiswissen für die erfolgreiche Sponsorensuche
4. überarbeitete und erweiterte Auflage 2023

Bestellnummern
ISBN 978-3-86980-690-7 (Druckausgabe)
ISBN 978-3-86980-691-4 (E-Book, PDF)

Direktbezug www.BusinessVillage.de/1166.html

Bezugs- und Verlagsanschrift
BusinessVillage GmbH
Reinhäuser Landstraße 22
37083 Göttingen
Telefon: +49 (0)5 51 20 99-1 00
Fax: +49 (0)5 51 20 99-1 05
E-Mail: info@businessvillage.de
Web: www.businessvillage.de

Layout und Satz
Sabine Kempke

Autorenfoto
Gerlinde Trinkhaus (Trinkhaus Fotografie Reutlingen)

Fotos auf dem Umschlag
Marcus Millo (links), Andreyuu (mitte), jotily (rechts), www.istockphoto.com

Druck und Bindung
www.booksfactory.de

Inhalt

Die Digitale Playbox – das Downloadangebot zum Buch

Suchen, stöbern, entdecken: In der digitalen Playbox finden Sie vertiefende Artikel, Arbeitshilfen und Muster für Ihre Sponsorengewinnung.

Die Erstellung professioneller Sponsoringunterlagen wird hiermit deutlich erleichtert. Auf folgende Highlights dürfen Sie sich freuen:

- Checkliste »Sponsoringzielgruppe«
- Checkliste »Sponsoringreichweite«
- Checkliste »Sponsorendatenbank«
- Gesprächsleitfaden für die erste Ansprache per Telefon von potenziellen Sponsoren
- Gesprächsleitfaden für Folgeanrufe im Rahmen der Sponsorenakquise
- Checkliste »Vorbereitung des Treffens mit dem Sponsoren«
- Muster für ein Sponsorenanschreiben
- Beispielangebote für Sponsoren
- Checkliste »Letter of Intent«
- Checkliste »Sponsoringvertrag«
- Vorlage Sponsoringvertrag

Download unter:

www.businessvillage.de/DL-1166.html

Vorwort

Fast täglich bekomme ich Anfragen von Menschen, ob ich ihnen bei der Sponsorensuche helfen kann. Diese Menschen sind oft von einem einzigen Gedanken getrieben: Geld für sich, ihr Projekt oder ihre Veranstaltung aufzutreiben. Und diese Menschen glühen sprichwörtlich für ihr Projekt. Vor lauter Begeisterung und in der festen Überzeugung, eine wirklich gute und wichtige Sache voranzutreiben, wird nach der Geheimformel der Sponsorengewinnung gesucht. Obgleich diese Personen in anderen Lebensbereichen mit beiden Beinen im Leben stehen und einen sehr vernünftigen Eindruck auf mich machen, beobachte ich oft, dass für das geliebte Projekt die Vernunft zugunsten der Emotion über Bord geworfen wird. Strategisches und wirtschaftlich vernünftiges Handeln scheint keine Rolle zu spielen und für das Einwerben von Geldern gelten die Gesetzmäßigkeiten des Alltags plötzlich nicht mehr, nämlich dass in der Geschäftswelt, der Eine für den Anderen eine adäquate Gegenleistung erbringen muss, wenn er etwas von seinem Gegenüber haben möchte.

Wer einen Sponsor nur als Geldquelle zur Lösung der eigenen finanziellen Probleme betrachtet, der steht sich bei aller Begeisterung für die eigene Sache selbst im Wege. Unternehmen verfolgen in der Regel das Ziel ihren Unternehmenserfolg zu maximieren und das gilt beim Thema Sponsoring. Nur weil ein Unternehmen scheinbar über hohe Mittel verfügt, bedeutet das nicht, dass es damit auch verschwenderisch umgehen kann. Wer mit dieser Denkweise auf Sponsorensuche geht versteht das Prinzip von Leistung ohne Gegenleistung nicht und wird früher oder später scheitern.

Zugegeben, es gibt immer wieder Konstellationen, bei denen ein angeblicher Sponsor wie ein Mäzen agiert. Wer das (meist zweifelhafte) Glück hat, auf einen Gönner zu treffen, der aus der Emotion heraus bereit ist Unsummen für ein Projekt auszugeben darf sich glücklich schätzen. Er sollte die zur Verfügung gestellten Mittel dankend annehmen und möglichst sinnvoll und nachhaltig investieren. Er sollte sich aber nicht darauf verlassen, dass ein solcher Geldsegen dauerhaft Bestand hat. In der Regel sind Mäzene (und ihre Mittel) nämlich genauso schnell wieder weg, wie sie gekommen sind. Mäzenatentum hat mit Sponsoring nichts zu tun und wer sich allein auf einen Mäzen verlässt, der erlebt in der Regel einen wirtschaftlichen Supergau, wenn sich der Mäzen plötzlich zurückzieht.

Als Sponsorsuchender sollte man sich im Klaren darüber sein, dass man beim Sponsoring langfristig und nachhaltig erfolgreicher ist, wenn man darin nicht nur die Lösung seiner eigenen finanziellen Probleme sieht, sondern sich auch intensiv mit den Motiven auseinandersetzt, die professionell agierende Sponsoren verfolgen. Ein Trikotsponsor in der Fußballbundesliga beispielsweise hat typischerweise konkrete, rational begründbare Ziele, die mit dem Engagement verfolgt werden. Das Erreichen dieser Ziele ist dabei keineswegs fakultativ, sondern zwingend, wenn das Sponsoring zum Erfolg führen soll. Natürlich spielen Fördermotive manchmal eine Rolle, doch für professionell handelnde Sponsoren stehen unternehmerische Ziele immer im Vordergrund.

Wer Sponsoren erfolgreich gewinnen möchte, muss lernen, worum es Sponsoren abseits der Attitude schöner Worte im Spiel ums Sponsorengeld geht. Weiterhin sollte er, wenn er die Wünsche und Bedürfnisse des Sponsores erkannt und verstanden hat, auch Gegenwerte liefern. Sie merken schon – die professionelle Sponsorensuche ist etwas komplexer als vermutet. Doch es lohnt sich, denn je besser Sie verstehen, was die Unternehmen möchten und Lösungen durch geeignete Sponsoringmaßnahmen anbieten, desto größer ist die Chance einen Sponsor für das eigene Projekt zu gewinnen.

Erfolgreicher Sponsoring-Manager(innen) arbeiten strategisch und konzeptionell. Sie sind gut strukturiert und arbeiten hocheffizient. Sie sind in der Lage ein attraktives Leistungsangebot mit einem echten Gegenwert für Sponsoren zu erstellen und verfügen über professionell aufbereitete und überzeugende Sponsoring-Unterlagen. Sie überzeugen mit aussagekräftigen Zahlen, Daten und Fakten zu ihrem Sponsoring-Projekt. Sie sind in der Lage sich in einen Sponsor hineinzuversetzen und seine Wünsche und Bedürfnisse zu verstehen in der Lage passende Lösungsvorschläge zu unterbreiten, sofern das Sponsoring-Projekt diese bietet. Gute Sponsoringmanager(innen) kennen ihr Sponsoring-Projekt in- und auswendig und stehen dem Sponsor über die gesamte Zeit der Zusammenarbeit beratend und betreuend mit Rat und Tat zur Seite.

In den vergangenen rund fünfzehn Jahren habe ich tausende Akquise-Telefonate geführt, unzählige Beratungstermine zum Thema Sponsoring wahrgenommen und betreue aktuell eine dreistellige Zahl an Sportlern, Vereinen und Unternehmen beim Thema Sponsoring. Daher glaube ich behaupten zu können, dass ich über eine gewisse Erfahrung bei der Gewinnung von Sponsoren verfüge. Diese Erfahrung möchte ich in diesem Ratgeber mit Ihnen teilen. Und nachdem er sich bereits tausende Male verkauft hat und mir regelmäßig sehr gute Rezensionen beschert, bin ich mir sicher, dass er Ihnen gute Dienste leisten wird.

Im Ratgeber gebe ich Empfehlungen für die Konzeption von Sponsoringprojekten, der Akquise-Arbeit und wie man Partner und Sponsoren langfristig an das Sponsoring-Projekt bindet.

Und nun wünsche ich Ihnen eine interessante und aufschlussreiche Lektüre und viel Erfolg bei der Sponsorensuche!

Reutlingen, Januar 2023 Ihr

Andreas Will

Sponsoringgrundlagen

2.1 Unterscheidung Mäzenatentum, Spendenwesen und Sponsoring

Obwohl es klare, einschränkende Definitionen für den Begriff »Sponsoring« gibt, wird dieser umgangssprachlich sehr gerne als Synonym für jegliche Art von finanzieller Förderung verwendet. Diese Oberflächlichkeit im Sprachgebrauch ist aber falsch und, schlimmer noch, sie ist irreführend: Während nämlich Förderer, die Sponsoring betreiben, ein werbliches Motiv haben, fördern zum Beispiel Mäzene oder Spender aus vollkommen uneigennützigen Gründen. Je nach Art der Förderung stellt dies sowohl an den Förderer als auch an den Geförderten ganz unterschiedliche Anforderungen. Bevor man sich also mit dem Thema Sponsoring befasst, muss man sich intensiv mit der Begrifflichkeit auseinandersetzen, denn dies ist letztendlich auch von großer steuerrechtlicher Relevanz. Sowohl für den Sponsor als auch für den Gesponserten macht es nämlich einen großen Unterschied, woher Fördermittel bezogen und wie sie verwendet werden. Daher kann der falsche Umgang mit den Begrifflichkeiten Sponsoring, Mäzenatenleistung oder Spende sowohl für den Förderer als auch für den Geförderten ernsthafte und äußerst unangenehme steuerrechtliche und sogar strafrechtliche Konsequenzen haben.

Besonders gefährdet beim Thema Sponsoring in eine Steuerfalle zu tappen, sind gemeinnützige Vereine. Der unsachgemäße Umgang mit Einnahmen von Förderern und deren falsche Zuordnung kann einen Verein in Extremfällen die Gemeinnützigkeit inklusive seiner Steuerbegünstigungen kosten.

Setzen Sie sich vor der Sponsorensuche intensiv mit den Begriffen Sponsoring, Mäzenatentum und Spendenwesen auseinander und lernen Sie den richtigen Umgang mit diesen Begrifflichkeiten!
Beachten Sie, dass die falsche Verwendung der Fördermittel von Sponsoren, Spendern oder Mäzenen ernste steuerrechtliche Konsequenzen haben kann. Sowohl für den Gesponserten als auch für den Sponsor!

TIPP

Förderung durch einen Mäzen

Als Mäzen wird eine Person bezeichnet, die eine andere Person, eine Institution (Verein, Stiftung et cetera) oder eine kommunale Einrichtung finanziell oder mit Sachleistungen uneigennützig fördert. Das bedeutet, dass er für seine Leistung keine Gegenleistung erwartet oder bekommt. Dem Mäzen geht es lediglich um eine gute Tat, wie auch eine Studie über das Förderverhalten von Millionären belegt, die 2015 an der Universität Maastricht durchgeführt wurde. Vor diesem Hintergrund verwundert es nicht, dass Mäzene oftmals öffentlich gar nicht in Erscheinung treten wollen.

Eine Mäzenatenleistung stellt eine private Ausgabe dar, die vom Mäzen nicht steuerlich absetzbar ist. Mäzene fördern uneigennützig! Im Vordergrund steht der individuelle Wunsch, etwas Gutes zu tun.

Die durch den Mäzen beim Geförderten generierte Einnahme ist nach § 13 Absatz 1 Nr. 16 b ErbStG nur dann steuerlich befreit, wenn die Förderung einem gemeinnützigen Zweck zugutekommt und dort für mindestens zehn Jahre verbleibt.

Wenn der Geförderte keinen gemeinnützigen Status (zum Beispiel als eingetragener Verein, gemeinnützige Stiftung et cetera) besitzt und/oder die Förderung durch den Mäzen offiziell keinem gemeinnützigen Zweck zugutekommt, dann müssen die für die Einnahmen durch Mäzene üblichen Steuern (Einkommensteuer, Körperschaftssteuer, Umsatzsteuer et cetera) entrichtet werden.

Förderung durch einen Spender

Als Spender werden Personen oder Unternehmen bezeichnet, die eine Einzelperson, eine religiöse, wissenschaftliche, gemeinnützige, kulturelle, wirtschaftliche oder politische Organisation mit Geld-, Sach- oder durch Arbeitsleistung (Zeitspende) unterstützen, ohne eine Gegenleistung dafür zu verlangen oder zu bekommen. Sprich: Für eine Spende darf der Geförderte keine Gegenleistung erbringen, denn sonst wird sie von den Finanzbehörden nicht als solche anerkannt. Spenden sind somit Sonderausgaben im Sinne des Einkommensteuerrechts und können immer dann vom Spender steuerlich geltend gemacht werden, wenn die Spende die Voraussetzungen nach § 10 b Einkommensteuergesetz (EStG) erfüllt.

Beim Geförderten stellt eine Spende eine Einnahme dar, die nur dann steuerbegünstigt ist, wenn sie einem gemeinnützigen Zweck (vergleiche dazu § 52 und § 54 Abgabenordnung (AO)) zugutekommt.

Sind die Voraussetzungen für eine Spende nicht erfüllt, kann diese steuerlich auch nicht als solche behandelt werden. Der Spender hat somit nicht die Möglichkeit, die Spende als Sonderausgabe beim Finanzamt geltend zu machen und der Geförderte muss die Spende voll als Einnahme im Sinne des Einkommensteuergesetz versteuern.

Spenden sind uneigennützige Förderung, bei denen der Geförderte keine Gegenleistung erbringen muss und darf. Spenden können sich sowohl beim Spender als auch beim Spendenempfänger steuerlich günstig auswirken, wenn bestimmte steuerrechtliche Voraussetzungen erfüllt werden.

Förderung durch einen Sponsor

Als Sponsor wird eine Einzelperson, eine Organisation oder ein kommerziell ausgerichtetes Unternehmen bezeichnet, welches eine Einzelperson, eine Personengruppe, eine Organisation oder eine Veranstaltung in Form von Geld-, Sach- und Dienstleistungen unterstützt.

Ein Sponsor erwartet vom Gesponserten immer eine klare Gegenleistung. Diese kann zum Beispiel in der Gewährung bestimmter Darstellungsmöglichkeiten oder (kommunikativer) Rechte bestehen, welche den Sponsor beim Erreichen seiner Kommunikations- und/oder Marketingziele unterstützen. Die Leistungen des Sponsors sowie die Gegenleistungen des Gesponserten werden in einem Sponsoringvertrag geregelt.

Beim Sponsor können Sponsoringausgaben als Betriebsausgabe steuerlich geltend gemacht werden. Eine Sponsoringausgabe ist für den Sponsor nichts anderes als eine Ausgabe für eine Zeitungsanzeige oder die Kosten für einen Messestand. Je nach Unternehmen werden die Sponsoringmaßnahmen entweder in einer eigenen Kategorie oder als Ausgaben für Werbung und Öffentlichkeitsarbeit verbucht.

Sponsoring beruht auf dem Prinzip von Leistung und Gegenleistung. Für die Leistung des Sponsors muss der Gesponserte eine adäquate Gegenleistung erbringen! Nur dann kann der Sponsor seine Sponsoringausgaben steuerlich auch als Betriebsausgabe geltend machen!

Beim Gesponserten müssen die vom Sponsor erhaltenen Leistungen (auch Sachleistungen!) als Einnahme versteuert werden. Bei diesen Einnahmen sind eventuell zu zahlende Steuern zu berücksichtigen.

Auf Sponsoringeinnahmen können von den Finanzbehörden Steuern im Sinne des Einkommensteuergesetzes, des Umsatzsteuergesetzes, des Ertragssteuergesetzes, des Gewerbesteuergesetzes und des Körperschaftssteuergesetzes erhoben werden. Bei gemeinnützigen Organisationen hängt dies davon ab, ob die Einnahme dem ideellen Bereich, der Vermögensverwaltung, dem Zweckbetrieb oder dem wirtschaftlichen Geschäftsbetrieb zuzuordnen ist.

Ein Gesponserter muss alle vom Sponsor erhaltenen Leistungen (auch Sachleistungen!) als Einnahme verbuchen. Die Besteuerung der Sponsoringeinnahmen bei gemeinnützigen Organisationen hängt von der Verwendung der Sponsoringeinnahmen ab.

TIPP

Wer beim Thema Besteuerung von Sponsoringeinnahmen keinen Fehler machen will, der sollte die korrekte steuerliche Verbuchung einem Steuerberater überlassen oder sich selbst in das Thema einarbeiten. Finanzämter haben eine bekanntermaßen niedrige Toleranzgrenze für Fehler aus Unwissenheit. Diese Erfahrung mussten schon viele gemeinnützige Organisationen machen, die sich durch falsch verbuchte Einnahmen selbst in eine unglückliche Lage gebracht haben.

Wer keine Fehler beim Thema Gemeinnützigkeit und Steuern machen möchte, der findet unter *www.vereinsbesteuerung.info* ein sehr gutes und aktuelles Infoportal zum Thema Vereinsbesteuerung, welches von Diplom-Finanzwirt Klaus Wachter betrieben wird. Ich kann jedem Verein nur empfehlen, sich kundig zu machen. Denn Ungemach droht nicht nur bei falscher Behandlung von Sponsorengeldern.

Wenn Sie sich nun fragen, ob es wirklich relevant für einen Praxisratgeber ist, sich derart genau mit Begrifflichkeiten zu beschäftigen, so kann ich Ihnen versichern, dass sich die Mühe lohnt. Denn Genauigkeit in der Sprache schärft die eigene Wahrnehmung und damit die eigenen Handlungsfähigkeiten. Während abseits des Wirtschaftslebens im Sponsoring gerne Mäzenatentum gesehen wird, kann man auf SPORTBUZZER.de vom 21. März 2023 folgende Meldung finden:

Vertrag langfristig verlängert: FC Bayern schließt neuen Millionen-Deal mit Sponsor
Der FC Bayern München wird auch in Zukunft mit dem Versicherer Allianz zusammenarbeiten. In einer Pressemitteilung gab der deutsche Rekordmeister bekannt, dass die Partnerschaft bis 2033 verlängert wurde. Angeblich soll der Deal dem Klub in zehn Jahren rund 130 Millionen Euro einbringen.

Wer bei der Sponsorengewinnung erfolgreich werden möchte, der darf dieses Zitat gerne zweimal oder dreimal lesen. SPORTBUZZER.de schreibt mit deutlicher Klarheit, was Sponsoring ist: Sponsoring ist ein Geschäft, und zwar ein Geschäft, an dem beide Seiten partizipieren wollen. Zu der jüngsten Kooperationen über Trikotwerbung zwischen dem 1. FC Bayern München und der Allianz werden dann auch die Hauptakteure mitzitiert: »*Der FC Bayern München verlängert seine millionenschwere Zusammenarbeit mit der Allianz um zehn weitere Jahre. Wie der deutsche Rekordmeister und der größte deutsche Versicherer am Dienstag mitteilten, wird die Partnerschaft bis ins Jahr 2033 ausgedehnt. In Marktkreisen wird für den neuen Deal von der Saison 2023/2024 an über eine kräftige Steigerung der Einnahmen des FC Bayern spekuliert, der in zehn Jahren nun rund insgesamt 130 Millionen Euro bekommen soll. ›Der FC Bayern legt großen Wert auf verlässliche, kontinuierliche Partnerschaften. Daher sind wir sehr glücklich, unsere Kooperation mit der Allianz weiterzuführen. Wir blicken auf eine über zwanzigjährige gemeinsame Erfolgsgeschichte zurück, der wir mit neuen, innovativen Ideen weitere Kapitel hinzufügen wollen«, sagte Bayern-Vorstandschef Oliver Kahn laut Mitteilung.*

Je mehr man die simple Erkenntnis verinnerlicht, dass Sponsoring ein Geschäft ist, das dem Prinzip von Leistung und Gegenleistung folgt, umso leichter werden die Auswahl, Ansprache und das Überzeugen von Sponsoren.

In vielen Organisationen wird es aber neben einem Sponsoring auch Spenden und vielleicht sogar den einen oder anderen Mäzen geben. Spender und Mäzen wollen aber anders behandelt werden, daher hier noch einmal die Gegenüberstellung der typischen Zielpersonen Mäzen, Spender und Sponsor:

	Mäzen	Spender	Sponsor
Motiv Förderer	uneigennützig	uneigennützig	eigennützig
Gegenleistung Geförderter	nicht erforderlich	nicht zulässig	zwingend erforderlich
Vertragliche Vereinbarung	nein	nein, gegebenenfalls Spenden-bescheinigung	ja
Steuerliche Behandlung beim Förderer	nicht steuerlich absetzbar	Sonderausgabe, bei Vorlage einer Spenden-bescheinigung steuerlich absetzbar	Betriebsausgabe, steuerlich absetzbar
Steuerliche Behandlung beim Geförderten	steuerlich befreit, wenn die Förderung einem gemeinnützigen Zweck zugutekommt und dort mindestens zehn Jahre verbleibt steuerpflichtig, wenn der Geförderte nicht gemeinnützig ist oder die Förderung keinem gemeinnützigen Zweck zufließt	steuerlich befreit, wenn die Spende einem gemeinnützigen Zweck zugutekommt	als Einnahme zu versteuern

2.2 Definition Sponsoring

Eine Unterscheidung zwischen Mäzen, Spender und Sponsor zu treffen, ist in der praktischen Arbeit extrem wichtig. Allen beteiligten Sponsoringparteien sollte klar sein, worum es beim Sponsoring geht. Dies ist nicht nur aus steuerrechtlicher, sondern auch aus marketingtechnischer Sicht von hoher Relevanz. Daher sollte jeder, der sich mit dem Thema Sponsoring befasst, die Definition von Sponsoring kennen und auch inhaltlich wiedergeben können.

Steuerrechtliche Definition

Aus steuerrechtlicher Sicht kann Sponsoring wie folgt definiert werden (**smart**steuer.de 2022):

- *Sponsoring meint üblicherweise die Gewährung von Geld oder geldwerten Vorteilen durch Unternehmen, um Personen, Gruppen oder Organisationen zu fördern – vorwiegend aus sportlichen, kulturellen, kirchlichen, wissenschaftlichen, sozialen oder ähnlichen Bereichen. Mit Sponsoring werden häufig unternehmensbezogene Ziele der Werbung oder der Öffentlichkeitsarbeit verfolgt.*
- *Aufwendungen in Zusammenhang mit Sponsoring können Betriebsausgaben, Spenden oder Kosten der Lebensführung sein (bei Kapitalgesellschaften verdeckte Gewinnausschüttungen).*
- *Wenn der Sponsor wirtschaftliche Vorteile für sein Unternehmen oder Produkte des Unternehmens anstrebt, liegen Betriebsausgaben vor.*
- *Zuwendungen des Sponsors, die freiwillig erbracht werden, kein Entgelt für eine bestimmte Leistung des Empfängers beinhalten und in keinem tatsächlichen wirtschaftlichen Zusammenhang mit dessen Leistung stehen, gelten als Spenden.*

- *Sponsoringaufwendungen, die nicht als Betriebsausgaben oder Spenden gelten, sind als abziehbare Kosten der Lebensführung zu betrachten.*

Für die Finanzbehörden ist beim Sponsoring vor allem der werbliche Zweck relevant! TIPP

Marketingtechnische Definition

Sponsoring wird allerdings nicht für die Steuerbehörden, sondern vor allem aus Marketinggründen betrieben. Unternehmen investieren in Sponsoringmaßnahmen,

- wenn sie von dem Image eines Sponsoringprojektes (Sportler, Künstler, Veranstaltung et cetera) profitieren und dieses auf sich übertragen wollen,
- wenn sie Bekanntheit in einer bestimmten Zielgruppe erreichen oder diese erhöhen möchten,
- wenn sie Produkte oder Marken in bestimmten Umfeldern positionieren, bekannt machen und natürlich verkaufen möchten.

Daher wird mehr noch als eine steuerliche eine marketingrelevante Definition für Sponsoring benötigt, um sowohl Sponsoren als auch Gesponserten eine gemeinsame Grundlage für die Verwendung des Begriffes zu geben. Eine Marketingdefinition des Begriffes Sponsoring kann wie folgt lauten: *Unter Sponsoring versteht man die Förderung von Einzelpersonen, einer Personengruppe, Organisationen oder Veranstaltungen durch eine Einzelperson, eine Organisation oder ein kommerziell orientiertes Unternehmen, in Form von Geld-, Sach- und Dienstleistungen mit der Erwartung, eine die eigenen Kommunikations- und Marketingzie-*

le unterstützende Gegenleistung zu erhalten. Dabei spielen Analyse, Planung, Umsetzung und Kontrolle dieser Maßnahmen und eine vertragliche Beziehung zwischen Sponsor und Gesponserten, in welcher Leistung und Gegenleistung definiert sind, eine wichtige Rolle. (Bruhn 2010)

Von Sponsoring spricht man, wenn

- ein Sponsor (eine Einzelperson, ein Unternehmen oder eine andere Organisation) den Gesponserten (Personen, Gruppen und/oder Organisationen) fördert.
- der Sponsor dem Gesponserten eine finanzielle Leistung oder einen geldwerten Vorteil gewährt.
- der Gesponserte dem Sponsor eine Gegenleistung, zum Beispiel in Form von (kommunikativen) Rechten, gewährt.
- dem Sponsoringengagement ein systematischer Marketing-Management-Prozess, bestehend aus Analyse, Planung, Umsetzung und Kontrolle, zugrunde liegt (sowohl beim Sponsor als auch beim Gesponserten).
- ein Leistungsaustausch zwischen Sponsor und Gesponsertem auf einer vertraglichen Grundlage erfolgt (Leistung und Gegenleistung).

Wird eine der aufgeführten Bedingungen nicht erfüllt, dann handelt es sich bei der Förderung weder aus steuerrechtlicher noch aus marketingtechnischer Sicht um Sponsoring!

Wenn also im weiteren Verlauf von Sponsoring die Rede ist, dann ist exakt die oben aufgeführte Definition gemeint. Diese ist mir sehr wichtig, da sie die leistungsorientierte Seite des Sponsorings betont. Denn damit wird ein wesentlicher Unterschied sichtbar, der Amateure von Profis bei der Sponsorensuche unterscheidet. Ein professioneller Sponsoringanbieter kennt seine Leistungen und verhandelt mit einem Sponsoringgeber auf Augenhöhe. Den Amateur erkennt man oft daran, dass er – auf Grund eines falschen Verständnisses von Sponsoring – als Bittsteller auftritt.

2.3 Erscheinungsformen des Sponsorings

Mit dem Sportsponsoring, Kultursponsoring, Soziosponsoring, Umweltsponsoring und dem Mediensponsoring können fünf unterschiedliche Sponsoringarten unterschieden werden.

Sportsponsoring

Die am häufigsten eingesetzte und populärste Sponsoringart ist das Sportsponsoring. Dem Sportsponsoring kann folgende Definition zugrunde gelegt werden: *Sportsponsoring ist eine Form des sportlichen Engagements von Unternehmen, bei dem durch die Unterstützung von Einzelsportlern, Sportmannschaften, Vereinen, (Sport übergreifenden) Verbänden oder Sportveranstaltungen Wirkungen im Hinblick auf die (in- und externe) Unternehmenskommunikation erzielt werden.* (Bruhn 2003) Neben dem reinen Förderungsbedürfnis ist Sportsponsoring für Sponsoren vor allem deshalb interessant, weil der Sport seit jeher ein großes Medieninteresse genießt. Selbst im unterklassigen Amateurbereich können Einzelsportler, Sportmannschaften, Vereine, Verbände oder Sportveranstalter (eine entsprechende Öffentlichkeitsarbeit vorausgesetzt) enorme Medienreichweiten erzielen. Sportsponsoring wird von Sponsoren meist genutzt, um ihre Bekanntheit zu steigern.

Neben einer hohen Medienreichweite ist der Sport, abhängig von Sportart, Sportler, Verein, Verband oder Sportveranstaltung, auch mit besonderen Imageeigenschaften behaftet (zum Beispiel Kraft, Ausdauer, Dynamik, Disziplin, Erfolg, Gesundheit et cetera). Diese Imageeigenschaften möchten Sponsoren sich gerne mithilfe eines Sponsoringengagements aneignen, indem versucht wird, einen Imagetransfer zwischen dem Gesponserten und dem Sponsor herzustellen.

Neben Bekanntheit und Image können Sportsponsoren auch Vertriebsziele verfolgen. Dies ist besonders bei Sportveranstaltungen mit vielen Besuchern oder Teilnehmern der Fall. Auf diesen Veranstaltungen können Teilnehmern und Besuchern Produkte und Dienstleistungen zum Kauf angeboten werden.

Beispiel: Eine Brauerei als Sponsor eines Fußballvereins
Für eine Brauerei kann das Sponsoring eines Fußballvereins sehr lukrativ sein, wenn sie als Sponsoringleistung Ausschankrechte bekommt. Denn jeder, der schon einmal ein Fußballspiel in einem Stadion besucht hat, weiß, welche erheblichen Mengen an Bier und anderen Getränken verkauft werden können.

KOMPAKT **Für Sportsponsoren spielen eigene Image- und Vertriebsziele die entscheidende Rolle für eine Sponsoringentscheidung. Der Fördergedanke ist auch fast immer vorhanden, aber weniger ausschlaggebend.**

Kultursponsoring

Die am zweithäufigsten eingesetzte Sponsoringart ist das Kultursponsoring. Kultursponsoring kann folgendermaßen definiert werden: *Kultursponsoring ist eine Form des kulturellen Engagements von Unternehmen, bei dem durch die Unterstützung von Künstlern, kulturellen Gruppen, Institutionen oder Projekten auch Wirkungen im Hinblick auf die (in- und externe) Unternehmenskommunikation erzielt werden.* (Bruhn 2003)

Beim Kultursponsoring können folgende Ausprägungsformen unterschieden werden (nach Bruhn 2003):

Kunst- und Kulturbereich	Ausprägung
Bildende Kunst	Malerei, Bildhauerei, Plastik, Grafikdesign, Architektur, Fotografie
Darstellende Kunst	Oper, Operette, Musical, Kabarett, Ballett, Schauspiel
Musik	Klassische Musik, Unterhaltungsmusik
Literatur	Bücher, Zeitschriften
Medien	Kinospielfilme, Video, Fernsehproduktionen, Multimedia
Kulturpflege und Architektur	Denkmalpflege, Heimatpflege, Brauchtumspflege

Beim Kultursponsoring ist aus der Historie heraus der Fördergedanke der Sponsoren deutlich stärker ausgeprägt als beim Sportsponsoring. Nichtsdestotrotz nutzen Sponsoren das Kultursponsoring auch zur Erreichung ihrer kommunikativen Unternehmensziele.

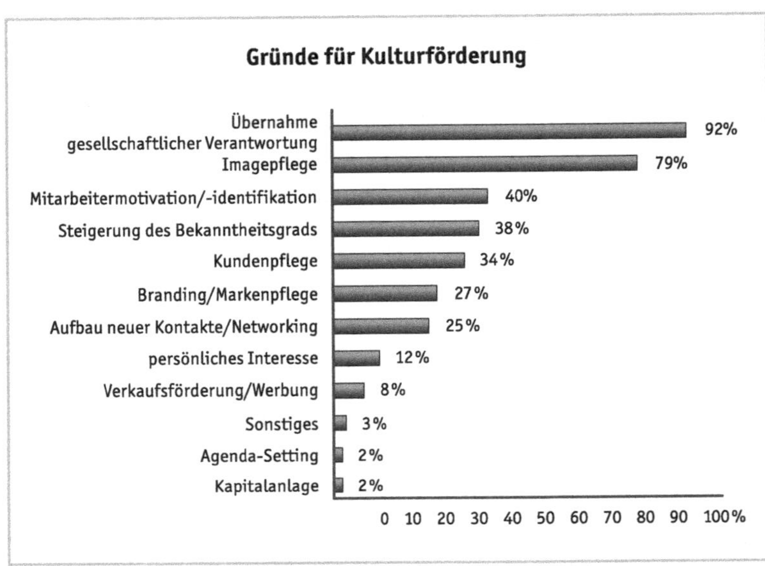

Abbildung 1: Gründe für Kulturförderung (Quelle: Studie unternehmerischer Kulturförderung – Deutschland 2010)

Besonders bei lokal/regional ausgerichteten Kultursponsoringengagements besteht die Motivation der meisten Sponsoren darin, ihre gesellschaftliche Verantwortung zu demonstrieren, um somit Akzeptanz und Sympathie in der Bevölkerung zu erhöhen. Ziele wie eine Steigerung des Bekanntheitsgrades oder der Abverkauf von Produkten rücken dabei eher in den Hintergrund, können bei nationalen/internationalen Kultursponsoringengagements aber durchaus eine Rolle spielen.

Bei den geförderten Kulturarten stehen in Deutschland Musik und Musiktheater an erster Stelle, gefolgt von bildender Kunst und Fotografie sowie Theater (siehe Abbildung 3 auf Seite 32).

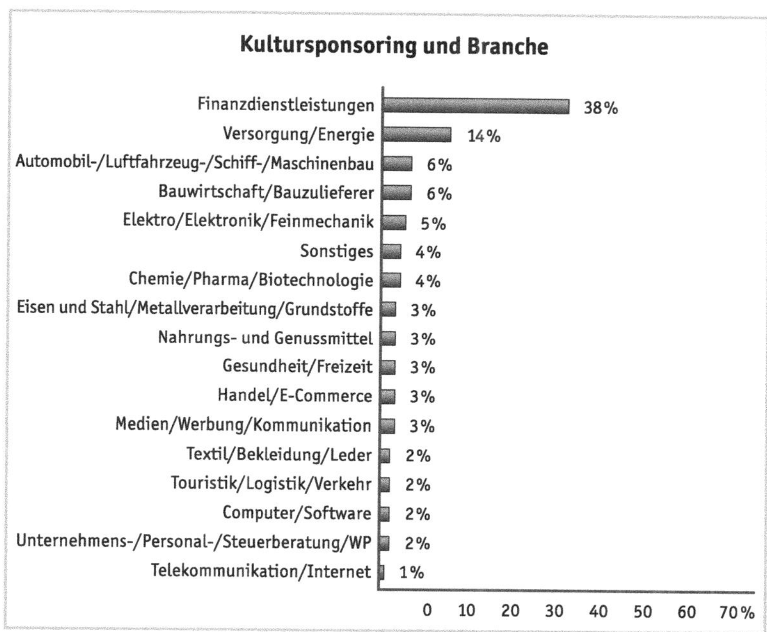

Abbildung 2: Kultursponsoring und Branche (Quelle: Studie Kultursponsoringmarkt – Deutschland 2010)

Anders als bei Engagements im Sport ist es beim Kultursponsoring deutlich schwieriger, Sponsoren in das jeweilige Kulturprojekt zu integrieren. Während im Sport Werbeflächen für Sponsoren vorgesehen und vom Publikum akzeptiert werden, stellt sich dies im Kulturbereich anders dar. Klassische Werbemittel wie Banden oder Banner können häufig nicht eingesetzt werden und werden vom Künstler und seinem Publikum weniger akzeptiert.

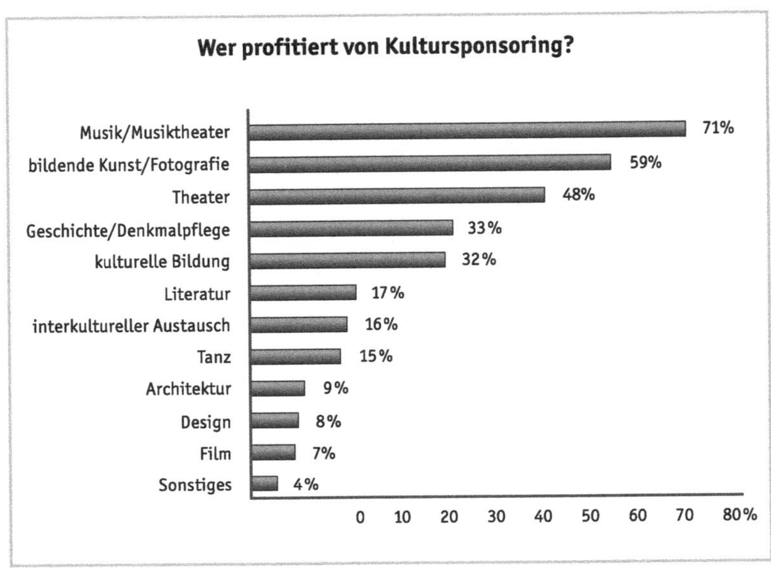

Abbildung 3: Wer profitiert von Kultursponsoring? (Quelle: Studie Kultursponsoringmarkt – Deutschland 2010)

Beispiel: Werbeflächen in der Oper?

Die Opernbühne ist im Gegensatz zum Sportstadion ein werbefreier Raum. Weder Künstler noch Publikum würden dort tendenziell Werbemittel wie Banner, Banden oder Werbefahnen akzeptieren.

Sponsoren im Kulturbereich legen ihren Sponsoringschwerpunkt weniger auf die Bekanntheitssteigerung und stärker auf den Imagetransfer. Bei Kulturveranstaltungen mit vielen Besuchern können aber auch Vertriebsansätze eine Rolle für ein Sponsoringengagement spielen.

KOMPAKT **Für Kultursponsoren spielen Werbekontakte meist weniger eine Rolle.Im Fokus stehen Imageziele und immer auch ein Fördergedanke.**

Sozio- und Umweltsponsoring

Um die eigenen Unternehmenswerte zu unterstreichen und hervorzuheben, setzen Unternehmen immer häufiger auf Sozio- und Umweltsponsoring. Durch ein Engagement im Bereich Soziales und Umwelt können Sponsoren ihre soziale Verantwortung gegenüber ihren Mitarbeitern und der Allgemeinheit besonders gut ausdrücken. Beim Sozio- und Umweltsponsoring werden ausschließlich nichtkommerzielle Organisationen unterstützt.

Da der Bereich Soziales und Umwelt einige Besonderheiten aufweist, ist es schwer, die allgemeine Sponsoringdefinition auf das Sozio- und Umweltsponsoring anzuwenden. Daher wird das Sozio- und Umweltsponsoring wie folgt definiert: *Sozio- und Umweltsponsoring bedeutet die Verbesserung der Aufgabenerfüllung im sozialen beziehungsweise ökologischen Bereich durch die Bereitstellung von Finanz-/Sachmitteln oder Dienstleistungen durch Unternehmen, die damit auch (direkt oder indirekt) Wirkungen für ihre Unternehmenskultur und -kommunikation anstreben.* (Bruhn 2003)

Diese Definition verdeutlicht, dass im Bereich Sozio- und Umweltsponsoring der Fördergedanke deutlich stärker im Vordergrund steht als beispielsweise beim Sportsponsoring. Allerdings bedeutet das nicht, dass der Sponsor durch ein Engagement im Bereich Soziales und Umwelt keine Eigeninteressen verfolgt. Durch den geplanten und strategischen Einsatz von Sozio- und Umweltsponsoring wird zumeist versucht, weiche Kommunikationsziele, zum Beispiel ein bestimmtes Image, zu erreichen. Die Beeinflussung des eigenen Image kann daher ein zentrales Motiv für ein solches Sponsoringengagement sein.

KOMPAKT **Beim Sozio- und Umweltsponsoring steht neben dem Fördergedanken die Demonstration sozialer Verantwortung im Interessenmittelpunkt des Sponsors.**

Allerdings reicht es als Sponsor nicht aus, sich nur inhaltlich mit dem Sozio- oder Umweltprojekt zu identifizieren. Um glaubwürdig zu sein, muss der Sponsor die Normen und Werte, die durch das Sponsoringengagement untermalt werden sollen, auch durch sein eigenes Verhalten vorleben. Nur so ist es möglich, von der angesprochenen Zielgruppe als glaubwürdig angesehen und akzeptiert zu werden. Gibt es eine Differenz zwischen Anspruch und Wirklichkeit, wird das Sponsoringengagement schnell unglaubwürdig und es kann zu Imageverlusten für Sponsor und Gesponserten kommen. Deshalb sollten auch Gesponserte sehr genau darauf achten, mit wem sie eine Sponsoringkooperation eingehen.

Beispiel: Die Glaubwürdigkeit muss stimmen
Ein Sponsoringengagement eines in der Arktis tätigen Ölkonzerns bei einem Projekt, welches sich für den Umweltschutz in der Arktis einsetzt, wäre für beide Parteien höchst unglaubwürdig und nicht zu empfehlen.

Zu guter Letzt stellt ein Sponsoringengagement im Bereich Soziales und Umwelt auch gesteigerte Anforderungen an die Öffentlichkeitsarbeit des Sponsors, denn in der Regel genießen Umwelt- und Sozialprojekte oft keine besondere Aufmerksamkeit in der Öffentlichkeit. Daher ist es auch schwer, mit klassischen Werbemitteln zu arbeiten. Daher integrieren Sponsoren diese Projekte gerne aktiv in die eigene PR- und Öffentlichkeitsarbeit, um auf das Engagement aufmerksam zu machen.

Mediensponsoring

Das Mediensponsoring gehört zu den jüngeren Sponsoringarten. Man versteht darunter das Sponsoring im Bereich Rundfunk (Fernsehen und Radio), Print, Internet und Kino. Sponsoren nutzen beim Mediensponsoring die Reichweite der gesponserten Medien, um sich selbst werblich darin zu integrieren.

Unter den Bereich Mediensponsoring fallen verschiedene Sponsoringformen, wie zum Beispiel das Programmsponsoring, Product-Placement, Gewinnspielsponsoring, Gameshow-Sponsoring, Teleshopping und so weiter.

Sponsoringprojekte im Bereich Soziales und Umwelt stellen besondere Anforderungen an die Öffentlichkeitsarbeit des Sponsors. Beim Mediensponsoring dominieren beim Sponsor vor allem Bekanntheits- und Imageziele. KOMPAKT

2.4 Sponsoring in der Praxis

Sponsoring ist eines von vielen Marketinginstrumenten in Unternehmen und ein Bestandteil in deren Kommunikationsmix. Je nach Unternehmen spielen die einzelnen Kommunikationsinstrumente eine unterschiedlich große Rolle (vergleiche Abbildung 4 auf der folgenden Seite).

Sponsoring ist innerhalb des Kommunikationsmix nur ein Kommunikationsinstrument unter vielen. Es hat nicht für jedes Unternehmen dieselbe Bedeutung!

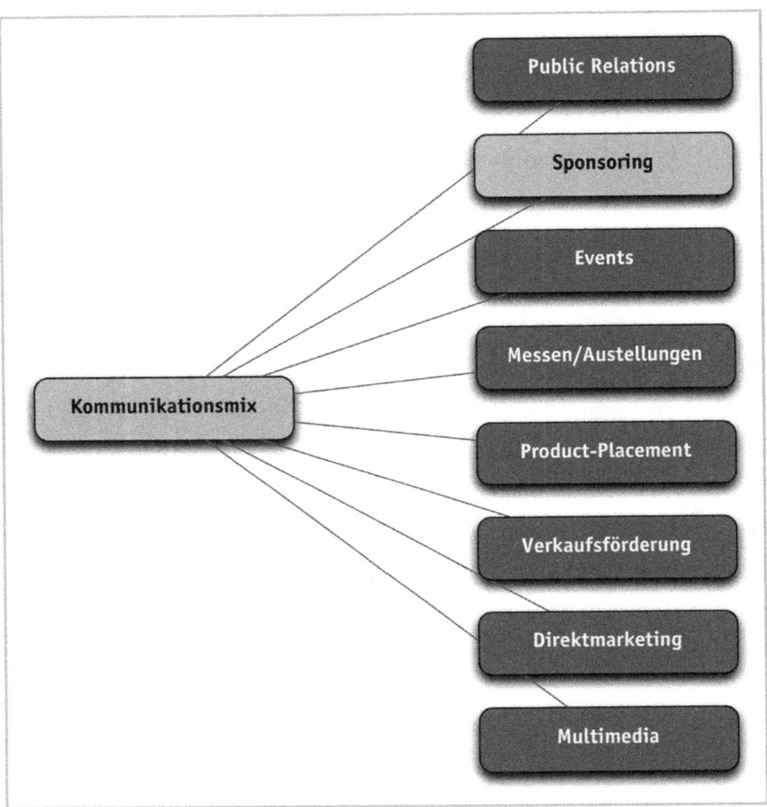

Abbildung 4: Einordnung des Sponsorings in den Kommunikationsmix von Unternehmen

Ziel der Unternehmenskommunikation und ihrer Kommunikationsinstrumente ist es, bestimmte Informationen öffentlichkeitswirksam an die gewünschte(n) Zielgruppen(n) zu übermitteln, um so die eigenen Kommunikationsziele zu erreichen. Diese Kommunikationsziele können sich beim Sponsoring wie in Abbildung 5 auf Seite 37 gezeigt darstellen:

Abbildung 5: Unternehmensziele deutscher Unternehmen beim Einsatz des Kommunikationsinstrumentes Sponsoring (Quelle: Sponso-Trends 2018, siehe unter https://nielsensports.com/wp-content/uploads/2021/01/Nielsen-Sports_Sponsor-Trend-2018_web-1.pdf)

Unternehmen, die sich für das Kommunikationsinstrument Sponsoring entscheiden, setzen bei der Erreichung ihrer Sponsoringziele vor allem auf den Multiplikationseffekt der Medien. Daher ist die Medienpräsenz des Gesponserten der entscheidende Schlüssel für eine erfolgreiche Sponsorensuche.

Warum eine Sponsorenakquise häufig scheitert

Bei den meisten Sponsorsuchenden scheitert die Sponsorenakquise daran, dass sie wenig Verständnis dafür aufbringen, worauf es einem Sponsor ankommt. Ein Sponsor möchte nämlich eine Werbebotschaft oder ein bestimmtes Image an eine bestimmte Zielgruppe kommunizieren.

Leider sind die meisten Sponsorsuchenden weder in der Lage, ihr in der Öffentlichkeit wahrgenommenes Image zu benennen oder gar zu belegen noch die für einen Sponsor erreichbare Zielgruppe zu benennen. Dies sind für den potenziellen Sponsor aber wichtige Entscheidungskriterien! Wer diese Informationen nicht vorhalten kann, der wird es sehr schwer haben, einen Sponsor für sich zu gewinnen. Daher gehe ich im nächsten Kapitel detailliert auf Reichweite, Image und Zielgruppe als wichtige Sponsoringerfolgsfaktoren ein.

KOMPAKT

Die wichtigsten Ziele von Sponsoren beim Sponsoring: Image, gesellschaftliche Verantwortung, Bekanntheit. Erzielt ein Sponsoringprojekt nicht die gewünschte (Werbe-)Reichweite, dann macht ein Engagement für Sponsoren wenig bis keinen Sinn. Um für Sponsoren interessant zu werden, muss ein Gesponserter also nicht nur über ein passendes Image, sondern auch über die vom Sponsor gewünschte Zielgruppe verfügen und in der Lage sein, diese zu erreichen.

Sponsoring-erfolgsfaktoren

Wer das Interesse eines Sponsoringgebers wecken möchte, der ist zunächst in einer Bringschuld und muss bestimmte Leistungskennzahlen vorlegen können. Dazu müssen unter anderem und folgende Fragen beantwortet werden:

- Welche Zielgruppe wird angesprochen (Demografie, Interesse et cetera)?
- Welche Reichweite kann erzielt werden?
- Welches Image wird verkörpert?

Zielgruppe, Reichweite und Image sind Begriffe, die (potenzielle) Sponsoren verstehen und mit denen sie etwas anfangen können. Wer als Sponsorsuchender konkrete Aussagen hierzu machen kann, der legt den Grundstein für eine erfolgreiche Sponsorensuche. Nur wer eine interessante Sponsoringzielgruppe, eine entsprechende Sponsoringreichweite und ein gutes Sponsoringimage vorweisen kann, der ist auch in der Lage, Interesse bei potenziellen Sponsoren zu wecken.

Beispiel: Sponsoren wollen in ihrer Sprache angesprochen werden
Welche Sponsoringanfrage wird einen potenziellen Sponsor eher ansprechen?

Sponsoringanfrage 1: *Wollen Sie Firmenlauf A in Köln sponsern?*

Sponsoringanfrage 2: *Wollen Sie Firmenlauf B in Köln Sponsern, bei dem Sie circa fünfzehn Millionen Medienkontakte im Großraum Köln und Nordrhein-Westfalen erzielen. Außerdem erreichen Sie mit Firmenlauf B circa fünfzehntausend laufbegeisterte, berufstätige Menschen (sechzig Prozent Männer, vierzig Prozent Frauen) im Alter zwischen zwanzig und fünf-*

zig Jahren überwiegend aus Kölner Unternehmen. Firmenlauf B wird von Teilnehmern und Zuschauern mit den Imageattributen Gesundheit, Teamgeist und Spaß in Verbindung gebracht und leistet einen wichtigen Beitrag zur betrieblichen Gesundheitsförderung und Mitarbeiterzufriedenheit.

Die Schlüssel zum Erfolg bei der Sponsorensuche sind Zielgruppe, Reichweite, Image. KOMPAKT

3.1 Erfolgsfaktor Sponsoringzielgruppe

Die Zielgruppe, die durch ein Sponsoringprojekt angesprochen wird, muss zur Zielgruppe passen, die ein potenzieller Sponsor ansprechen möchte. Unternehmen definieren ihre Kundenzielgruppe in der Regel nach folgenden Kriterien:

- Soziodemografische Merkmale (Alter, Geschlecht, Familienstatus, Wohnort)
- Sozioökonomische Merkmale (Bildungsstand, Einkommen, Beruf)
- Psychografische Merkmale (Einstellung, Motivation, Meinung)
- Kaufverhalten (Preissensibilität, Kaufreichweite)

Es macht für den Sponsorsuchenden also Sinn, seine Zielgruppe (Mitglieder, Fans, Eventbesucher, Internetuser et cetera) ebenfalls anhand dieser Kriterien festzumachen. Das setzt natürlich die Erhebung und Analyse von Daten voraus. Die Erhebung dieser Daten kann über die Auswertung vorhandener Datenbanken (zum Beispiel Mitgliederdatenbank bei Vereinen, Online-Analysesysteme et cetera) oder eine klassische Offline- beziehungsweise Onlinebefragung (zum Beispiel Befragung von Eventbesuchern) erfolgen. Die gesammelten Zielgruppendaten müssen anschließend optisch ansprechend für den potenziellen Sponsor aufbereitet werden.

Zu Beginn ist es am einfachsten, die eigene Zielgruppe anhand der soziodemografischen Merkmale zu beschreiben.

Zielgruppenbeschreibung anhand des Alters

Damit ein potenzieller Sponsor einschätzen kann, ob er mit seinem Engagement als Sponsor die richtige Altersgruppe anspricht, muss ihm zunächst die Altersstruktur der Sponsoringzielgruppe offengelegt werden. Eine mögliche Darstellung der Altersstruktur der Sponsoringzielgruppe könnte beispielsweise folgendermaßen aussehen:

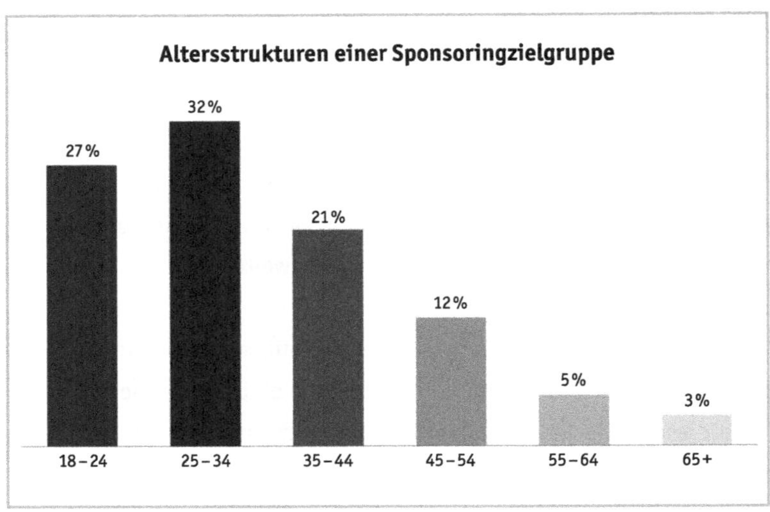

Abbildung 6: Beispielhafte Beschreibung einer Sponsoringzielgruppe anhand ihrer Altersstruktur

Zielgruppenbeschreibung anhand des Geschlechts

Eine ebenfalls sehr wichtige Information für den potenziellen Sponsor ist die Geschlechtsverteilung der angesprochenen Zielgruppe.

Abbildung 7: Beispielhafte Darstellung der demografischen Kennzahlen zum Geschlecht einer Sponsoringzielgruppe

Zielgruppenbeschreibung anhand des Einzugsgebiets beziehungsweise der Herkunft

Für einen Sponsor macht ein Sponsoringengagement nur dann Sinn, wenn er damit auch Menschen in dem von ihm gewünschten Einzugsgebiet erreichen kann. Neben Altersstruktur und Geschlecht ist also auch die Herkunft der Sponsoringzielgruppe (Zuschauer, Teilnehmer, Veranstaltungsorte, Verbreitungsgebiet der Medien et cetera) relevant. Die Visualisierung einer durch ein Sponsoringengagement erreichbaren Zielgruppe könnte beispielsweise folgendermaßen aussehen:

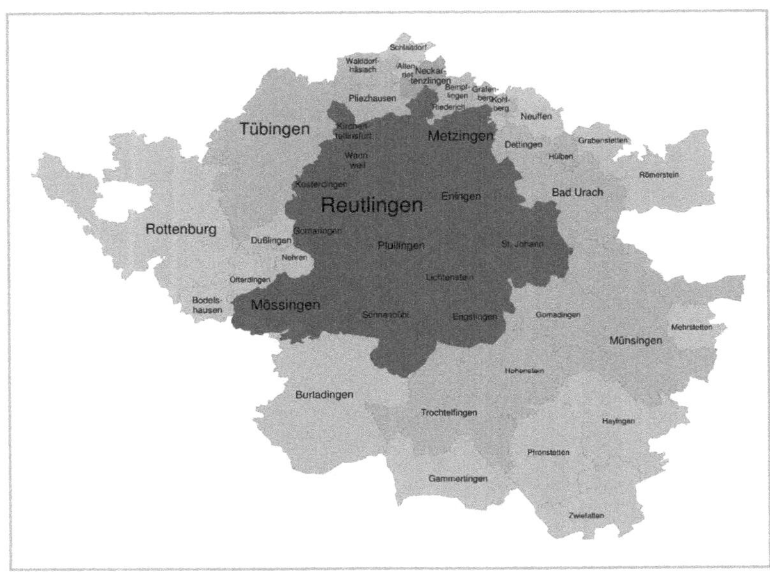

Abbildung 8: Beispielhafte Beschreibung des Einzugsgebiet einer Sponsoringzielgruppe

Weitere Zielgruppenmerkmale

Neben Altersstruktur, Geschlecht und Herkunft gibt es weitere Merkmale wie Familienstruktur, Nationalität, Migrationshintergrund, Religion, Bildung, Beruf, Einkommen, soziale Schicht et cetera, die für eine Zielgruppenbestimmung herangezogen werden können. Für die Sponsorenakquise dürften Alter, Geschlecht und Herkunft allerdings im ersten Schritt ausreichend sein, um das Informationsbedürfnis eines potenziellen Sponsors zu befriedigen.

Checkliste Sponsoringzielgruppe

Altersstruktur

❍ **Wurde die Altersstruktur der Sponsoringzielgruppe ermittelt?**

- Veranstaltungsbesucher?
- Veranstaltungsteilnehmer?
- Vereins-/Verbandsmitglieder?
- Website-Nutzer?
- Social-Media-Nutzer (Facebook, YouTube, Twitter et cetera)?
- TV-Zuschauer?
- Hörfunkhörer?
- Printleser?

Geschlechtsstruktur

❍ **Wurde die Geschlechtsstruktur der Sponsoringzielgruppe ermittelt?**

- Veranstaltungsbesucher?
- Veranstaltungsteilnehmer?
- Vereins-/Verbandsmitglieder?
- Website-Nutzer?
- Social-Media-Nutzer (Facebook, YouTube, Twitter et cetera)?
- TV-Zuschauer?
- Hörfunkhörer?
- Printleser?

Herkunft

❍ **Wurde der räumliche Standort der Sponsoringzielgruppe ermittelt?**

- Veranstaltungsbesucher?
- Veranstaltungsteilnehmer?
- Vereins-/Verbandsmitglieder?
- Website-Nutzer?
- Social-Media-Nutzer (Facebook, YouTube, Twitter et cetera)?
- TV-Zuschauer?
- Hörfunkhörer?
- Printleser?

Weitere demografische Merkmale (sofern für den Sponsor relevant!)
❍ **Wurden weitere für einen Sponsor relevante demografische Merkmale ermittelt?** • Interessensschwerpunkte? • Familienstand? • Familienstruktur? • Haushaltsnettoeinkommen? • Bildungsstand? • Et cetera

TIPP

Analysieren und definieren Sie die Zielgruppe Ihres Sponsoringprojektes mithilfe einer Alters- und Geschlechtsverteilung und visualisieren Sie das Einzugsgebiet, welches das Sponsoringprojekt abdeckt. Analysieren Sie weitere Zielgruppenmerkmale, wenn diese für Sponsoren von Interesse sind.

3.2 Erfolgsfaktor Sponsoringreichweite

Neben der richtigen Zielgruppe sind Unternehmen beim Sponsoring vor allem daran interessiert, möglichst viele Menschen innerhalb ihrer Zielgruppe anzusprechen. Beispiele:

- Ein örtlicher Handwerksbetrieb möchte vor allem Menschen an seinem Standort ansprechen.
- Ein regionaler Energieversorger möchte Menschen in seiner Region ansprechen.
- Ein deutscher Mobilfunkanbieter möchte Menschen innerhalb Deutschlands ansprechen.

- Ein weltweit agierender Automobilhersteller möchte Menschen in den Ländern ansprechen, in denen er seine Fahrzeuge anbietet.

Jedes Unternehmen besitzt einen bestimmten Zielmarkt, in dem sich seine Kunden aufhalten. Eignet sich ein Sponsoringengagement dazu, den Zielmarkt des jeweiligen Unternehmens anzusprechen, so macht es für ein Unternehmen grundsätzlich Sinn, über ein Sponsoring nachzudenken.

Die Reichweite, die ein Sponsoringprojekt erzielen kann ist meistens der entscheidende Faktor, der einen Sponsor dazu bewegt sich zu engagieren. Je höher die Sponsoringreichweite, desto interessanter wird die Sponsoringplattform für Sponsoren. Daher sollte man bei der Umsetzung eines Sponsoringprojektes alles dafür tun, um Reichweite zu erzielen.

Ein wichtiges Fettnäpfchen gilt es hierbei immer im Auge zu behalten. Es ist niemandem damit geholfen, wenn Sie mit Fantasiewerten arbeiten, nur um Ihr Sponsoringangebot attraktiver erscheinen zu lassen. Ein Sponsor soll auf Ihre Aussagen vertrauen, denn er wird Sie nur für eine entsprechende Gegenleistung bezahlen. Dabei spielt – wie immer im Geschäftsleben – Glaubwürdigkeit eine große Rolle. Sie sollten daher versprochene Reichweiten immer glaubhaft belegen können. Wenn beispielsweise im Vorjahr fünfundzwanzig Mal in den Printmedien über Ihr Sponsoringprojekt berichtet wurde und Sie dadurch 2,5 Millionen Leserkontakte generieren konnten, dann sollten Sie diese Reichweite nur dann anpreisen, wenn Sie sie auch belegen können.

Reichweite lässt sich direkt, zum Beispiel über die Ansprache von Vereinsmitgliedern, Veranstaltungsbesuchern, Veranstaltungsteilnehmern et cetera oder indirekt über die Medien (TV-, Print-, Hörfunk-, und Onlineberichterstattung) generieren.

Sowohl die direkten als auch die indirekten Reichweiten können für Sponsoren interessant sein. Während es bei der direkten Reichweite darum geht, Menschen direkt vor Ort anzusprechen (zum Beispiel über Zuschauerwerbemittel, Teilnehmerwerbemittel, Veranstaltungshefte, Vereinszeitungen, Newsletter et cetera), spricht man Menschen bei der indirekten Reichweite vor allem über die Medien (Print, TV, Hörfunk, Internet) an. Je größer die Reichweite, desto interessanter und wertvoller wird ein Sponsoringprojekt für Sponsoren.

Die höchsten Sponsoringerlöse erzielen meist Sponsoringprojekte mit einer hohen Medienpräsenz. Durch die indirekte Ansprache einer Sponsoringzielgruppe über die Medienberichterstattung lassen sich im Vergleich zur direkten Ansprache vor Ort nicht nur ein paar hundert oder tausend Menschen erreichen, sondern schnell Zehntausende, Hunderttausende oder gar ein paar Millionen. Dies ist Sponsoren in der Regel deutlich mehr Geld wert. Letztendlich muss es das primäre Ziel eines Sponsorsuchenden sein, eine möglichst hohe Sponsoring- beziehungsweise Werbereichweite zu erzielen.

KOMPAKT **Je mehr Menschen durch ein Sponsoringprojekt angesprochen werden können, desto interessanter und wertvoller wird es für Sponsoren.**

Beispiel: Reichweitenhebel Presse – auch kleinere Events können große Reichweiten für Sponsoren bieten!

Auch kleinere Sponsoringprojekte oder Sponsoringengagements versetzen Sponsoren in die Lage, sehr gute Werbereichweiten zu generieren. Bereits die Berichterstattung in der regionalen Tagespresse erzielt schnell Werbereichweiten im sechs- bis siebenstelligen Bereich.

SPORT 31

HANDBALL

2. Bundesliga

Tusem Essen – EHV Aue 21:28
TV Großwallstadt – HSG Nordhorn 24:31
TV Neuhausen/Erms – HG Saarlouis 33:22
ASV Hamm-Westfalen – Eintracht Baunatal 24:29
SV Henstedt-Ulzburg – Bayer Dormagen 27:32
TV Hüttenberg – VfL Bad Schwartau 22:27
SC DHfK Leipzig – HSC Coburg 33:30
DJK Rimpar Wölfe – HC Empor Rostock 31:23
TV Bittenfeld – TV Emsdetten 38:23
Eintracht Hildesheim – ThSV Eisenach 14:29

1.	DJK Rimpar Wölfe	4	4	0	0	120:94	8:0
2.	HSG Nordhorn	4	4	0	0	123:101	8:0
3.	SC DHfK Leipzig	4	4	0	0	107:95	8:0
4.	TV Neuhausen/Erms	4	3	0	1	113:86	6:2
5.	TV Bittenfeld	4	3	0	1	111:93	6:2
6.	TV Großwallstadt	4	3	0	1	108:103	6:2
7.	VfL Bad Schwartau	4	2	1	1	103:100	5:3
8.	TV Emsdetten	4	2	1	1	121:123	5:3
9.	ThSV Eisenach	4	2	0	2	112:93	4:4
10.	HSC Coburg	4	2	0	2	108:98	4:4
11.	EHV Aue	4	2	0	2	109:105	4:4
12.	ASV Hamm-Westfalen	4	1	2	1	114:115	4:4
13.	SV Henstedt-Ulzburg	4	1	0	3	104:113	2:6
14.	TSV Bayer Dormagen	4	1	0	3	104:114	2:6
15.	HG Saarlouis	4	1	0	3	112:125	2:6
16.	Tusem Essen	4	1	0	3	90:103	2:6
17.	HC Empor Rostock	4	1	0	3	108:122	2:6
18.	Eintracht Baunatal	4	1	0	3	86:109	2:6
19.	TV Hüttenberg	4	0	0	4	93:120	0:8
20.	Eintracht Hildesheim	4	0	0	4	99:133	0:8

TV Neuhausen – HG Saarlouis 33:22 (13:13)

Neuhausen: Becker (17. Redwitz) – Hansen (2), Theilinger (6), Schuldt (3), Reusch (4), Wessig (1), Keupp, Michalik (6/1), Leventoux (1), Maas (7), Bader (3)

Saarlouis: Joncyk (43. Näckel) – Pfiffer, Krings (3), Leist (2), Janiszewski, Spiljak (2), Kessler, Walz (1), Weißgerber (3), Holzner (6/1), Schulz, Klyuyko (1), Riganas (4)

Schiedsrichter: Kern/Kuschel (Bellheim/Karlsruhe) – **Rote Karte:** Schulz (53./nach der 3. Zeitstrafe) – **Zeitstrafen:** 6:12 Minuten – **Siebenmeter:** Neuhausen 2/1 (Michalik wirft über das Tor); Saarlouis 3/1 (Holzner scheitert an Becker und Redwitz) – **Zuschauer:** 787

Freitag, 19.00 Uhr: Bayer Dormagen – TV Hüttenberg
Freitag, 19.30 Uhr: VfL Bad Schwartau – TV Bittenfeld
Samstag, 18.30 Uhr: Baunatal – Henstedt-Ulzburg
Samstag, 19.00 Uhr: TV Emsdetten – SC DHfK Leipzig
Samstag, 19.30 Uhr: ThSV Eisenach – TV Großwallstadt
Sonntag, 16.30 Uhr: Empor Rostock – Neuhausen/Erms
Sonntag, 17.00 Uhr: Saarlouis – Hamm-Westfalen, Nordhorn – Rimpar, Hildesheim – Essen, Coburg – Aue

2. Bundesliga, Frauen, 1. Spieltag

TSV Travemünde – TSV Haunstetten 21:22
BSV Sachsen Zwickau – SV Halle-Neustadt 33:29
HSG Bensheim-Auerbach – HC Rödertal 31:20
Neckarsulmer SU – SV Allensbach 30:23
1. FSV Mainz 05 – SG H2Ku Herrenberg 25:33
BVB Dortmund – TV Nellingen 29:25
TV Beyeröhde – SGH Rosengarten 33:33

3. Liga Süd

TSV Rödelsee – TV Hochdorf 24:32
SG Leutershausen – SG Nußloch 28:28
SV Kornwestheim – TGS Pforzheim 20:21

Birgül Yurdakul glänzt mit 16 Treffern

DONZDORF. Die Oberliga-Handballerinnen der WSG Eningen-Pfullingen feierten einen Saisonauftakt nach Maß. Beim Aufsteiger FSG Donzdorf/Geislingen gewann das Team um die überragende Birgül Yurdakul mit 30:21 (16:11) Toren. Trainer Dietrich Bauer war beeindruckt. »Ich kann meine Mannschaft sehr loben. Auf die Leistung des heutigen Spiels lässt sich aufbauen.« Fehlpässe und eine inkonsequente Abwehr sorgten dafür, dass die Partie bis zum 7:7 offen war. Nach einer Auszeit besannen sich die Gäste auf ihre Stärken. Zur Pause betrug die Führung fünf Treffer, nach dem Seitenwechsel wuchs der Vorsprung weiter an. Yurdakul glänzte mit 16 Treffern, davon fünf Siebenmetern, Britta Rauscher (9) war ebenfalls ein Trumpf-Ass. Zu zweit warfen sie mehr Tore als die gesamte Donzdorfer Mannschaft. Auch die Neuen Selina Tisler und Verena Bodmer (1) bekamen Spielanteile. (GEA)

Sabine Lisicki siegt in Hongkong

HONGKONG. Sabine Lisicki hat das Finale von Hongkong gegen die Tschechin Karolina Pliskova mit 7:5, 6:3 gewonnen und damit den vierten Turniersieg ihrer Karriere gefeiert. Die an Nummer eins gesetzte Berlinerin, die nach 1:18 Stunden den Matchball verwandelte, hatte erstmals seit Wimbledon 2013 wieder ein Endspiel auf der Tour erreicht. Ihren bis dato letzten Titel hatte Lisicki im August 2011 in Dallas geholt. Davor war sie im Juni 2011 in Birmingham und im April 2009 in Charleston erfolgreich gewesen. In der Weltrangliste wird die deutsche Nummer wieder in die Top 30 vorrücken. (SID)

Drei Siege in den ersten vier Spielen: Beim TV Neuhausen gibt's Grund zum Jubeln. Von links: Jan-Steffen Redwitz, Markus Hansen, Tim Keupp und Nicolai Theilinger. GEA-FOTO: MEYER

Neuhausen – Saarlouis 33:22 – Stevic-Team trumpft im zweiten Durchgang auf. Magere Kulisse

Mit Redwitz und Spielwitz

VON MANFRED KRETSCHMER

TÜBINGEN. Cornelius Maas war außer sich vor Freude. »Wir haben normalerweise eine überragende 3:2:1-Abwehrformation. Und wenn die nicht mehr so gut funktioniert, stellen wir auf 5:1 um – und der Gegner kommt damit überhaupt nicht zurecht«, formulierte ein glückstrahlender Maas, der beim 33:22 homogenen und starken Mannschaft einen Akteur besonders lobte: Torhüter Jan-Steffen Redwitz. »Der hat fast alles gehalten, was durchkam«, staunte der Coach. Der 25 Jahre alte Keeper, der vor einem Jahr vom TV Hüttenberg zum Ermstal-Club kam, war wie immer die Bescheidenheit in Person und sagte lapidar: »Es war okay.«

der Startformation. Er fand in erster Linie deshalb nicht die Bindung zum Spiel, weil seine Vorderleute immer wieder patzten und die Gäste-Angreifer häufig völlig frei vor ihm auftauchten. Kapitän Ralf Bader wollte weniger von einer schwachen Abwehrleistung des TVN in der ersten Halbzeit sprechen. Vielmehr lobte er den Gegner aus dem Saarland, der kürzlich das Pokalspiel in Neuhau-

gang zog der TV Neuhausen, der ohne Philipp Keinath (Bänderriss im Sprunggelenk) und Jan-Marko Behr (krank) angetreten war, seinem Kontrahenten mit Redwitz und Spielwitz den Zahn. Redwitz hielt bravourös und ermöglichte damit einige leichte Gegenstoßtore. Zudem lief der Ball nun flüssig durch die Reihen. Nicolai Theilinger lief zur Hochform auf und erzielte sechs Tore.

Abbildung 9: Printberichterstattung über den Handball-Zweitligisten TV Neuhausen. Leser- beziehungsweise Werberreichweite des Artikels: Circa 108.000 Leser im Verbreitungsgebiet des *Reutlinger General-Anzeigers*. (Bildquelle: *Reutlinger General-Anzeiger*)

Versuchen Sie, die Reichweite Ihres Sponsoringprojektes durch direkte und indirekte Werbekontakte zu maximieren. TIPP

Sponsoringreichweite dokumentieren, messen und belegen

Die direkte Sponsoringreichweite lässt sich relativ einfach feststellen, indem man zum Beispiel die Anzahl von Veranstaltungsbesuchern, die Auflage von Printprodukten (zum Beispiel Veranstaltungshefte), die Anzahl ausgesendeter E-Mail-Newsletter et cetera zählt und für Sponsoren dokumentiert.

Etwas anspruchsvoller ist die Messung der erzeugten Medienpräsenz, da das entsprechende Zahlenmaterial nicht so offensichtlich vorliegt. Daher muss bei Erfassung und Dokumentation der indirekten Reichweite strukturiert nach folgendem Muster vorgegangen werden:

1. Erfassung des Medienmaterials	2. Quantitative Analyse
• Print • TV • Hörfunk • Online	• Wo wurde berichtet? • Wie oft/lange wurde berichtet? • Welche (Gesamt-)Reichweite wurde durch die Berichterstattung erreicht? • Welche Sponsoren wurden in welchem Medium mit welchem Umfang erwähnt/gezeigt?

Wer im Rahmen seiner Medienanalyse herausfinden möchte, welche Sponsoringwerbefläche welche Reichweite erzielt, der analysiert, wie häufig oder wie lang eine bestimmte Werbefläche im jeweiligen Medium zu sehen ist. Anschließend ermittelt man die Gesamtreichweite der Werbefläche für das jeweilige Medium und kann auch herausfinden, welche Werbefläche den höchsten Werbewert hat.

Messen und dokumentieren Sie Ihre direkten und indirekten Sponsoringreichweiten für die (potenziellen) Sponsoren und legen Sie ihnen diese vor!

TIPP

Messung Print-Medienreichweite

Um die Print-Medienreichweite messen zu können, muss man zunächst einmal alle in Tageszeitungen und Zeitschriften erschienenen Berichte über das Sponsoringprojekt sammeln. Anschließend benötigt man Informationen über die Leserreichweite, die man über den jeweiligen Herausgeber der Publikation erfragen oder über seine Mediadaten in Erfahrung bringen kann. Anhand dieser Angaben kann man Aussagen darüber machen, wie viele Menschen die Berichterstattung über das Projekt (theoretisch) erreicht.

Vorgehen zur Messung der Printreichweite in der Übersicht:

1. Sammeln und Dokumentieren aller erschienenen Printartikel:
   - Tageszeitungen
   - Wochenzeitungen
   - Publikumszeitschriften
   - Fachzeitschriften
   - Anzeigenblätter

2. Ermittlung der Auflagenstärke beziehungsweise Leserreichweite des jeweiligen Printmediums über dessen Mediadaten oder die Informationsgesellschaft zur Feststellung der Verbreitung von Werbeträgern (IVW).
3. Berechnung der Medienreichweite (Anzahl Berichterstattung × Reichweite).
4. Berechnung der Medienreichweite einzelner Sponsoringwerbeflächen (Sponsorenwerbefläche × Reichweite).

TIPP **Überzeugen Sie Sponsoren durch die Dokumentation der erzielten Leserreichweite in der Printberichterstattung!**

Messung TV-Medienreichweite

Beim Sponsoring spielt die TV-Berichterstattung eine zentrale Rolle. Insbesondere Sendungen mit hohen Einschaltquoten und vielen Zuschauern generieren enorme Reichweiten.

Beim Sponsoring spielt die TV-Berichterstattung eine ganz zentrale Rolle. Insbesondere Sendungen mit hohen Einschaltquoten und vielen Zuschauern generieren enorme Reichweiten, die man für die (potenziellen) Sponsoren dokumentieren sollte.

Wurde über ein Sponsoringprojekt im TV berichtet, konnte man bis 2021 die TV-Reichweiten recht einfach ermitteln. Unter www.tv-ratings.de veröffentlichte die media control GmbH im Rahmen der Arbeitsgemeinschaft Fernsehforschung detaillierte Zuschauerzahlen von TV-Sendungen. Seit 2021 sind Zuschauerzahlen einzelner Sendungen nur noch bei der AGF Videoforschung erhältlich. Kostenfrei werden täglich die beliebtesten zehn Sendungen mit ihrem Anteil an den Zuschauerzahlen ausgewiesen. Wer Zugriff auf die Zuschauerzahlen einzelner Sendungen bekommen möchte, muss sich bei der Marktforschungsfirma registrieren und entsprechende kostenpflichtige Datenpakete erwerben (Stand: 2. Februar 2023) und man erhält ausführliche Informationen zur Anzahl der Zuschauer sowie detaillierte demografische Informationen. Somit kann man eine Aussage dazu treffen, welche Zuschauerreichweite der Bericht über ein Sponsoringprojekt erzielt hat. Weiterhin werden inzwischen auch Zuschauerzahlen von Streamingangeboten der Sender ermittelt, welche noch einmal die Reichweite eines Sportberichtes beispielsweise steigern.

Wer bei der Analyse der TV-Reichweiten weiter ins Detail gehen möchte, der kann die Sichtbarkeitsdauer (= On-Screen-Zeit) der jeweiligen Sponsoringwerbeflächen messen. Hierdurch kann zusätzlich zur Zuschauereichweite der Sendung auch eine Aussage dazu getroffen werden, wie lange eine Werbefläche zu sehen war. Diese Information ist sehr interessant für Sponsoren, da die Sichtbarkeitslänge einer Werbebotschaft die Werbewirkung positiv unterstützt. Außerdem lässt sich anhand der On-Screen-Zeit herausfinden, ob sich ein Sponsoringengagement im Vergleich zur Buchung eines Dreißig-Sekunden-Werbespots lohnt.

TIPP

Die Reichweite der TV-Berichterstattung zu einem Sponsoringprojekt lässt sich über die Internetplattform *www.agf.de* **(kostenpflichtig) ermitteln.**

Bei der Messung der TV-Reichweiten geht man folgendermaßen vor:

1. Sammeln und Dokumentieren aller TV-Berichte (erhältlich bei den ausstrahlenden Sendern beziehungsweise via Download über die Onlinemediathek, falls vorhanden):
   - Liveberichterstattung
   - Sendungen
   - Magazine
   - Nachrichtensendungen

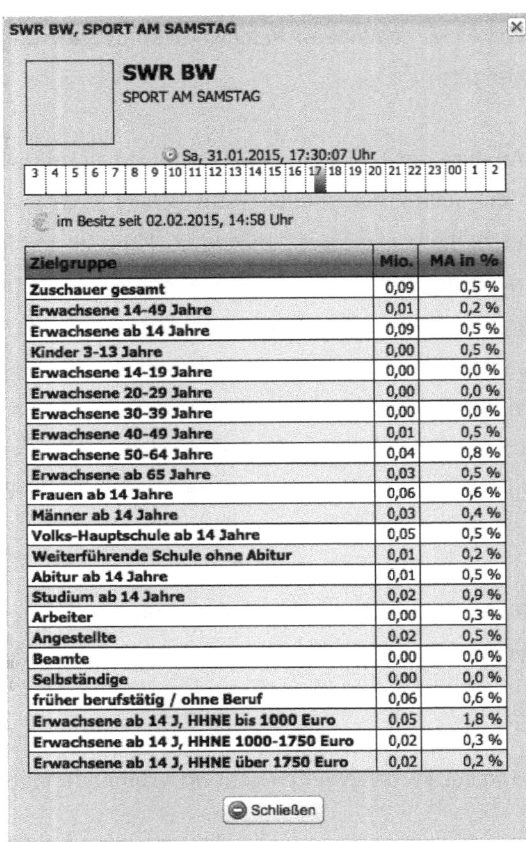

SWR BW, SPORT AM SAMSTAG

SWR BW

SPORT AM SAMSTAG

Sa, 31.01.2015, 17:30:07 Uhr

3 4 5 6 7 8 9 10 11 12 13 14 15 16 17 18 19 20 21 22 23 00 1 2

im Besitz seit 02.02.2015, 14:58 Uhr

Zielgruppe	Mio.	MA in %
Zuschauer gesamt	0,09	0,5 %
Erwachsene 14-49 Jahre	0,01	0,2 %
Erwachsene ab 14 Jahre	0,09	0,5 %
Kinder 3-13 Jahre	0,00	0,5 %
Erwachsene 14-19 Jahre	0,00	0,0 %
Erwachsene 20-29 Jahre	0,00	0,0 %
Erwachsene 30-39 Jahre	0,00	0,0 %
Erwachsene 40-49 Jahre	0,01	0,5 %
Erwachsene 50-64 Jahre	0,04	0,8 %
Erwachsene ab 65 Jahre	0,03	0,5 %
Frauen ab 14 Jahre	0,06	0,6 %
Männer ab 14 Jahre	0,03	0,4 %
Volks-Hauptschule ab 14 Jahre	0,05	0,5 %
Weiterführende Schule ohne Abitur	0,01	0,2 %
Abitur ab 14 Jahre	0,01	0,5 %
Studium ab 14 Jahre	0,02	0,9 %
Arbeiter	0,00	0,3 %
Angestellte	0,02	0,5 %
Beamte	0,00	0,0 %
Selbständige	0,00	0,0 %
früher berufstätig / ohne Beruf	0,06	0,6 %
Erwachsene ab 14 J, HHNE bis 1000 Euro	0,05	1,8 %
Erwachsene ab 14 J, HHNE 1000-1750 Euro	0,02	0,3 %
Erwachsene ab 14 J, HHNE über 1750 Euro	0,02	0,2 %

Schließen

Abbildung 10: Auswertung der Zuschauerreichweite der Sendung *Sport am Samstag* auf SWR Baden-Württemberg am 31. Januar 2015 um 17:30. Datenquelle: www.tv-ratings.de

2. Ermittlung der Zuschauerreichweite:
   a. Anmeldung bei agf.de
   b. Kauf, Download und Dokumentation der Reichweiteninformationen der gewünschten Sendung
   c. Alternativ werden für viele Sendungen Zuschauerzahlen auch von den einzelnen Sendern genannt. Wer den Bezug der AGF-Daten vermeiden möchte, sollte vorab eine Recherche vornehmen.

Messung von Hörfunkreichweite

Für Sponsoren spielt das Radio eine eher untergeordnete Rolle, da nur ein Werbewert entsteht, wenn der Sponsor genannt wird. Dies ist allerdings selten der Fall. Eine Ausnahme hiervon bilden Sponsoren, die ihren Namen in das Sponsoringprojekt integrieren, zum Beispiel als Namensgeber oder Presenting-Partner. Hierdurch hat der Sponsor die Chance, auch im Hörfunk im Zusammenhang mit dem Sponsoringprojekt genannt zu werden.

Beispiel: Namensgebern von Stadien und Team bringt Hörfunk-Bekanntheit

Sponsorennennungen, die auch für den Hörfunk funktionieren können, sind beispielsweise Allianz-Arena, Team Erdinger alkoholfrei, Audi Sommerkonzerte oder Red Bull Flying Bach.

Die Höreranzahl einzelner Sendungen zu ermitteln ist relativ schwierig und für den Laien kaum zu bewältigen. Allerdings lässt sich die durchschnittliche Anzahl der Hörer pro Stunde einfach über *www.reichweiten.de* ermitteln.

Hörerreichweiten von Hörfunkberichterstattungen lassen sich auf *www.reichweiten.de* ermitteln. TIPP

Messung Onlinereichweite

Bei der Onlinereichweite muss zwischen der selbst generierten (internen) und der fremdgenerierten (externen) Onlinereichweite unterschieden werden.

Interne Onlinereichweite	Externe Onlinereichweite
Eigene Website, eigenes Blog et cetera Eigene Social-Media-Kanäle (Facebook, Twitter, Instagram, YouTube et cetera)	Websites und Blogs Dritter Fremde Social-Media-Kanäle

Die interne Onlinereichweite ist relativ einfach zu messen, da man über diverse Analyse-Tools selbst Zugriff darauf hat. Bei der externen Onlinereichweite ist dies nicht der Fall. Deshalb ist eine vollständige Reichweitenerfassung hier sehr schwierig zu bewerkstelligen.

Interne Onlinereichweite generieren und messen

Ein Sponsorsuchender, der sich ernsthaft und professionell mit dem Thema Sponsoring auseinandersetzen möchte, kann es sich heutzutage nicht mehr erlauben, auf Online-Kommunikationsinstrumente zu verzichten. Durch die Nutzung eigener Online-Kommunikationsinhalte lässt sich nämlich nicht nur die Außendarstellung im Sinne des Sponsorsuchenden beeinflussen. Es lassen sich auch ohne Hilfe der klassischen Medien enorme Reichweiten erzielen. Unabhängig davon ist das Internet Informationsquelle Nummer 1 für potenziell interessierte Sponsoren. Wer hier nicht präsent ist oder ein schlechtes Bild abgibt, der verschlechtert seine Chance, Sponsoren für sich zu gewinnen.

Die Nutzung eigener Online-Kommunikationsplattformen bietet die Chance, gute Medienreichweiten zu erzielen und sich unabhängiger von der klassischen Print-, TV- und Hörfunkberichterstattung zu machen.

KOMPAKT

Der einfachste Weg zur Onlinekommunikation ist die Nutzung kostenloser Social-Media-Plattformen wie Facebook, Twitter, YouTube, Instagram und Co.

Beispiel: Neue Chancen durch Internet und Social Media

Der Fußball-Bezirksligist TSV Winsen (Bezirksliga Lüneburg 2) ist sportlich keine Größe. Im Rahmen der klassischen Sportberichterstattung in den Medien hat der Verein kaum die Möglichkeit, Medienpräsenz zu erzeugen. Diese wird außerdem kaum über den Landkreis Harburg (Niedersachsen) hinausgehen. Trotzdem hat es der Verein durch den geschickten Einsatz seiner Social-Media-Kanäle geschafft, eine nachhaltige, nationale Aufmerksamkeit zu erzielen. Stand 23. Februar 2023 hat der Bezirksligist über neuntausendvierhundert Likes bei Facebook und mehr als dreitausendsiebenhundert Follower bei Twitter vorzuweisen. Eine Zahl, die potenzielle Sponsoren durchaus beeindrucken könnte.

Durch die Nutzung dieser Plattformen lassen sich nicht nur ordentliche Reichweiten erzielen. Ein weiterer Vorteil beim Einsatz von Social-Media-Plattformen sind auch die Auswertungsmöglichkeiten, die von Plattformbetreibern größtenteils kostenlos zur Verfügung gestellt werden. Somit stehen mit der Nutzung von Social-Media-Plattformen aussagekräftige Statistiken zur Verfügung, die fundierte Aussagen zur Sponsoringzielgruppe und Sponsoringreichweite zulassen und hervorragend zur Sponsorenakquise genutzt werden können.

Neben der Nutzung von Social-Media-Plattformen sollte aber auch eine eigene Website Bestandteil der Onlinekommunikation sein. Durch die Nutzung kostenloser Online-Analysetools wie beispielsweise Google Analytics können ebenfalls detaillierte Reichweiten- und Zielgruppenmessungen durchgeführt werden.

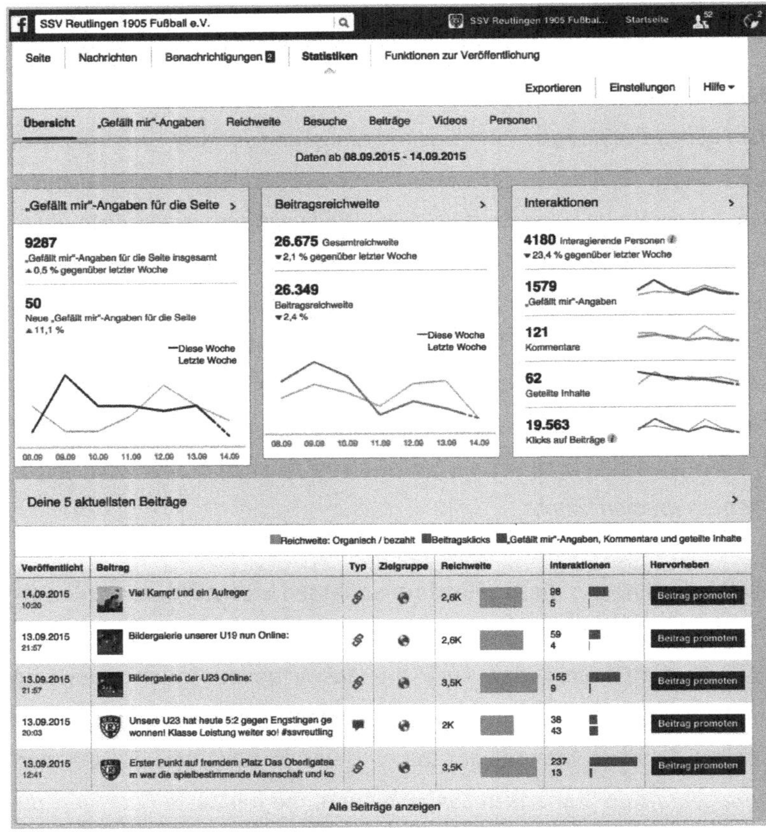

Abbildung 11: Messung der Sponsoringreichweite einzelner Beiträge bei Facebook.
Datenquelle: Statistik Facebook-Seite Fußballverein SSV Reutlingen

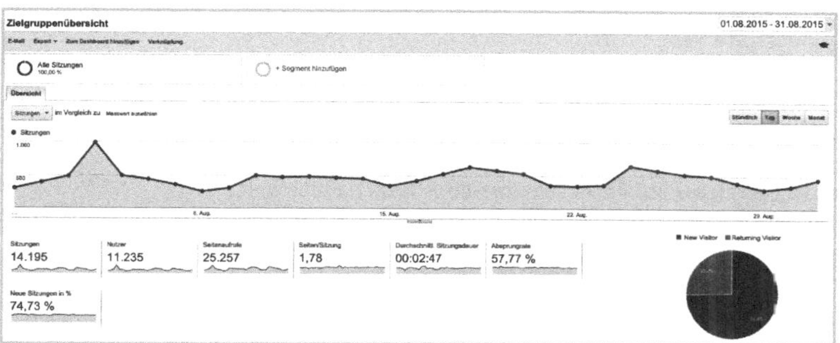

Abbildung 12: Reichweitenmessung mit dem kostenlosen Online-Analysetool Google Analytics

TIPP

Inzwischen gibt es hervorragende und kostenlose Werkzeuge zur Analyse von Onlinereichweiten und Onlinezielgruppen. Diese können hervorragend als Argumentationsgrundlage bei der Sponsorenakquise eingesetzt werden.

Externe Onlinereichweite

Neben der eigenen Berichterstattung können auch Dritte (Website-Betreiber, Blogger, Privatpersonen et cetera) online über das Sponsoringprojekt berichten, wodurch zusätzlich Reichweite generiert wird. Die Messung dieser Sponsoringreichweite ist allerdings kompliziert, da man selten Zugriff auf die Abrufzahlen der jeweiligen Berichte hat. Dementsprechend ist die Reichweitenmessung eingeschränkt und man muss sich meistens auf die Zählung der online erschienenen Berichte über das Sponsoringprojekt beschränken.

Checkliste Sponsoringreichweite

Print

- ❍ Anzahl erschienener Printartikel erfasst?
- ❍ Lesereichweite der erschienenen Printartikel erfasst?

Geschlechtsstruktur

- ❍ Anzahl von Hörfunkbeiträgen erfasst?
- ❍ Hörerreichweite der Hörfunkbeiträge erfasst?

Herkunft

- ❍ Anzahl der Nutzer der eigenen Website erfasst?
- ❍ Zuschauerreichweite von TV-Beiträgen erfasst?

Weitere demografische Merkmale (sofern für den Sponsor relevant!)

- ❍ Anzahl der Nutzer der eigenen Website erfasst?
- ❍ Seitenaufrufe der eigenen Website erfasst?
- ❍ Anzahl Onlineberichte fremder Websites erfasst?
- ❍ Anzahl der Nutzer von Social-Media-Plattformen (zum Beispiel Facebook, Twitter, YouTube et cetera) erfasst?
- ❍ Reichweite von Social-Media-Beiträgen erfasst?
- ❍ Et cetera

3.3 Erfolgsfaktor Image

Neben Zielgruppe und Reichweite spielt auch das Image eines Sponsoringobjektes für den potenziellen Sponsor eine ganz entscheidende Rolle. Als Image wird beim Sponsoring der Gesamteindruck bezeichnet, den eine Mehrzahl von Menschen vom Gesponserten hat. Das Image beschreibt also die Eigenschaften, welche die jeweilige Person, Organisation oder Veranstaltung, verkörpert. Diese Eigenschaften sind subjektiv und müssen nicht zwangsläufig objektiv richtig sein.

Imageeigenschaften können unterschiedlichster Art sein und beispielsweise durch folgende Adjektive beziehungsweise Adjektivpaare beschrieben werden:

- modern – konservativ
- cool – uncool
- sympathisch – unsympathisch
- jung – alt
- dynamisch – träge
- familienfreundlich – familienfeindlich
- sportlich – unsportlich
- regional – national
- erfolgreich – erfolglos

Bedeutung des Image für Sponsorsuchenden

Für Sponsorsuchende ist das Thema Image von enormer Bedeutung. Mit einer klaren Imagepositionierung fällt die Vermarktung eines Sponsoringprojektes nämlich deutlich leichter. Zum einen kann das eigene Kundenklientel (Fans, Mitglieder, Veranstaltungsbesucher et cetera) sehr viel besser angesprochen werden, zum anderen lassen sich Sponsoren durch die Verkörperung eines bestimmten Image sehr viel einfacher von einem Engagement überzeugen.

TIPP

Besitzt der Gesponserte beziehungsweise das Sponsoringprojekt ein von Sponsoren gewünschtes Image, dann kann dies die Sponsorensuche erleichtern.

Bedeutung des Image für Sponsoren

Im Marketing beziehungsweise in der Marktforschung ist man sich einig, dass das Image ein wichtiger Einflussfaktor für Kaufentscheidungen ist. Im Klartext: Menschen kaufen eher Produkte von jemandem, der die bevorzugten Eigenschaften verkörpert. Daher versuchen Unternehmen in der Regel auch immer, dem Image gerecht zu werden, welches ihre Kunden nachfragen.

Um sich ein bestimmtes Image anzueignen, wird gerne auf das Kommunikationsinstrument Sponsoring zurückgegriffen. Durch ein Sponsoringengagement wird versucht, die für ein Unternehmen positiven Imageeigenschaften des Gesponserten auf das Unternehmen beziehungsweise seine Produkte oder Dienstleistungen zu transferieren. Der Sponsor schwimmt damit sozusagen im Fahrwasser des Gesponserten mit und erhofft sich davon, dass positive Eigenschaften des Gesponserten auf ihn abfärben. Man erhofft sich davon, die Kaufentscheidung der durch das Sponsoring angesprochenen Zielgruppe positiv zu beeinflussen.

KOMPAKT

Das Image ist der Gesamteindruck, den eine Mehrzahl von Menschen vom Gesponserten hat. Beim Sponsoring versuchen Sponsoren, das Image des Gesponserten auf sich selbst zu übertragen.

Abbildung 13: Für die Brauerei Erdinger passt das Image von Biathlon gut zum Produkt Erdinger alkoholfrei, weshalb das Unternehmen als Sponsor in der Sportart aktiv ist. Quelle: Privatbrauerei Erdinger Weißbräu, *www.erdinger.de*

Image von Sponsorsuchenden

Sponsorsuchende argumentieren bei der Sponsorensuche häufig damit, dass ein Sponsor durch ein Sponsoringengagement vom positiven Image des Gesponserten profitiert. Dabei werden gut klingende Adjektive wie zum Beispiel jung, modern, sportlich, dynamisch et cetera genannt, um den potenziellen Sponsor von einem Engagement zu überzeugen.

Grundsätzlich ist dieses Vorgehen nicht falsch. Allerdings verfügen die wenigsten Sponsorsuchenden über belastbare Belege darüber, welches Image sie tatsächlich verkörpern oder wie sie von der Öffentlichkeit wahrgenommen werden. Selbstbild und Fremdbild liegen dabei aber oft weit auseinander und haben selten etwas mit der Realität zu tun. Daher sollte man beim Einsatz des Akquiseargumentes Image immer auch beweisen können, dass man tatsächlich über die angebotenen Imageeigenschaften verfügt.

TIPP

Wer sein Image als Argument bei der Sponsorensuche einsetzen möchte, der sollte belegen können, dass er das angebotene Image auch tatsächlich verkörpert.

Image als Akquiseargument

Für einen Sponsor ist das Image eines Sponsoringobjektes nur dann interessant, wenn folgende Grundvoraussetzungen erfüllt sind:

- Das Sponsoringobjekt generiert eine entsprechend hohe Sponsoringreichweite, so dass der Sponsor überhaupt die Chance auf einen Imagetransfer bekommt.
- Die Imageeigenschaften müssen nachweislich auf das Sponsoringobjekt zutreffen.

Leider erfüllen nur wenige Sponsorsuchende diese Bedingungen. Daher muss zunächst einmal dafür gesorgt werden, dass eine für Sponsoren relevante Reichweite generiert wird, um die gewünschte Zielgruppe ansprechen zu können. Anschließend muss herausgefunden werden, wie man in der Öffentlichkeit wahrgenommen wird und welche Imageeigenschaften die Öffentlichkeit beziehungsweise die Zielgruppe dem Sponsoringprojekt zuordnet. Hierfür ist eine entsprechende Marktforschung notwendig.

KOMPAKT

Aussagen über Imageeigenschaften eines Sponsoringprojektes kann man nur dann treffen, wenn man eine entsprechende Marktforschung betreibt.

Imageprofile im Sponsoring

Wenn man Glück hat, dann hat sich schon einmal jemand die Arbeit gemacht, ein Imageprofil für ein Sponsoringthema (zum Beispiel eine Sportart, eine Veranstaltung et cetera) zu erstellen und man kann auf diese Daten zugreifen.

Beispiel: Das Image des Golfsports

Der Deutsche Golfer Verband hat für seine Mitglieder beim Marktforschungsunternehmen Repucom die »Image-Studie Golf« beauftragt, die den Mitgliedern des Golfverbandes kostenlos zur Verfügung gestellt wird. Um herauszufinden, wie Golf von Golfern, Einmal-Golfern und Nicht-Golfern gesehen wird, wurden die unterschiedlichen Personengruppen befragt.

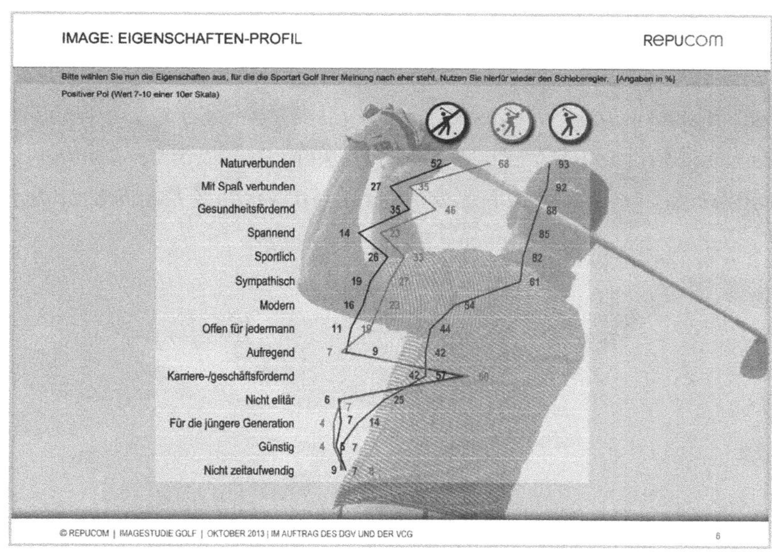

Abbildung 14: Image-Eigenschaften-Profil der Sportart Golf. Befragt wurden Nicht-Golfer, Personen, die Golf einmal ausprobiert haben und Golfer. Bildquelle: Repucom, Imagestudie Golf

TIPP

Manchmal kann man aus bereits vorhandenen Studien Imageeigenschaften für das eigene Sponsoringprojekt nutzen, um so den Aufwand für eine eigene Marktforschung zu vermeiden.

Allgemeine Studien helfen allerdings meist wenig, wenn man ein Imageprofil für ein ganz bestimmtes Sponsoringprojekt erstellen möchte. Eine Lösung für dieses Problem ist die Durchführung eigener Marktforschungen. Hierbei kann man mit Hochschulen und Universitäten zusammenarbeiten oder spezialisierte Marktforschungsinstitute beauftragen. Wer das Know-how und die Manpower besitzt, der kann auch selbst eine entsprechende Untersuchung durchführen. Allerdings leidet darunter die Neutralität der Untersuchungsergebnisse.

Beispiel: Imageprofil eines Fußballvereins

Der Fußballbundesligist Hannover 96 hat im Jahr 2009 eine Umfeldbefragung durchgeführt, um herauszufinden, welches Imageprofil der Verein hat. Hierzu wurden vierhundertsechs Fußballinteressierte und einhundertdrei Fans von Hannover 96 gefragt. Das auf Grundlage der Befragung entwickelte, individuelle Imageprofil besitzt daher ausschließlich für den Fußballbundesligisten Hannover 96 eine Aussagekraft.

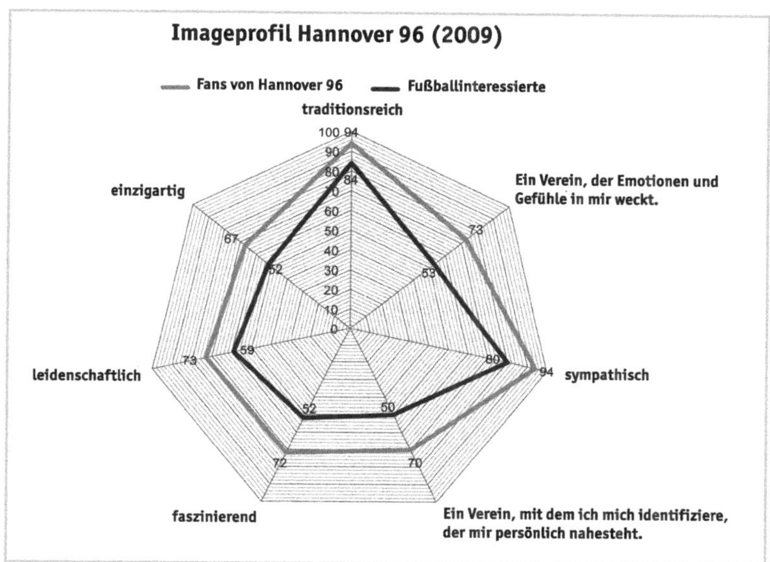

Abbildung 15: Imageprofil Hannover 96 aus dem Jahr 2009. Basis: Fußballinteressierte (n=406) versus H96-Fans (n=130). Quelle: Umfeldbefragung Hannover, 1. Welle 9/09

TIPP

Wer für ein spezielles Sponsoringprojekt Aussagen zum Thema Image machen möchte, der muss selbst im Bereich Marktforschung aktiv werden.

Checkliste Sponsoringimage

Vorbereitung und Durchführung Imagebefragung

- ❍ Entscheidung getroffen, ob Befragung in Eigenregie, mit Partnern (zum Beispiel Studenten, Hochschulen et cetera) oder durch professionellen Dienstleister durchgeführt werden soll?
- ❍ Zum Sponsoringprojekt passende Imagefaktoren erarbeitet?
- ❍ Imagebefragung erstellt?
- ❍ Durchführung der Imagebefragung geplant?
  - Art der Befragung (schriftlich, online, telefonisch et cetera)
  - Mindestanzahl an Befragungsteilnehmern
  - Befragungszeitraum
- ❍ Befragung durchgeführt?

Analyse Imagebefragung

- ❍ Datenqualität der Befragungsantworten überprüft?
- ❍ Befragungsdaten ausgewertet?
- ❍ Imageprofil des Sponsoringprojekts erstellt und für Sponsoren grafisch aufbereitet?

Sponsoringkonzept

Mit den Sponsoringerfolgsfaktoren Sponsoringzielgruppe, Sponsoringreichweite und Sponsoringimage hat man eine wichtige Basis für die Sponsorensuche gelegt. Im nächsten Schritt geht es darum, diese Erfolgsfaktoren durch ein kluges Sponsoringkonzept für Sponsoren nutzbar zu machen. Man muss mit seinem Sponsoringprojekt in der Lage sein, Sponsoren zu integrieren und muss ihnen dazu geeignete Werbeplattformen und Werbemittel zur Verfügung stellen. Außerdem muss eine Sponsorenstruktur erstellt werden, mit welcher man die unterschiedlichen Sponsoren voneinander abgrenzen kann.

Mit dem Sponsoringkonzept wird die Einbindung von Sponsoren in ein Sponsoringprojekt geplant. Dazu gehört auch, dass man sich genaue Gedanken zur Sponsoringerfolgskontrolle macht, um den Erfolg eines Sponsoringprojektes für sich und seine Sponsoren feststellen und belegen zu können.

4.1 Sponsorenintegration

Grundsätzlich stellt sich zunächst die Frage, ob, wie und in welchem Umfang man Sponsoren in ein Sponsoringprojekt integrieren kann und will. In manchen Fällen ist dies nämlich weder erwünscht noch möglich und kann beim Publikum auf Ablehnung stoßen. So wird zum Beispiel die Vergabe eines Namingright-Sponsorings zur Umbenennung eines traditionsreichen Stadionnamens immer zu Fanprotesten führen oder unpassende oder zu viel Werbung bei Fans oder Zielpublikum auf Kritik stoßen.

Beispiel: Sponsorenintegration ist nicht immer einfach!
Während Trikot- oder Bandenwerbung im Sport vollkommen normal ist, müssen Sponsoren im Kunst- oder Kulturbereich dem Anlass entsprechend integriert werden.

Abbildung 16: Eine Sponsorenintegration bei einem klassischen Kirchenkonzert, zum Beispiel über Banden- oder Bannerwerbung oder ein Trikotsponsoring, wäre äußerst unpassend und würde vom Zielpublikum wohl kaum akzeptiert werden. Bildquelle: Flickr, cosmo flash (CC BY-SA 2.0)

Manchmal lassen auch Reglements eine Sponsorenintegration gar nicht oder nur unter bestimmten Bedingungen zu. So gibt es beispielsweise strenge gesetzliche Vorgaben für Werbung mit Zigaretten, Alkohol, Glücksspiel, Medikamenten et cetera und speziell im Sport muss das Werbereglement der jeweiligen Verbände berücksichtigt werden.

Bevor man sich auf Sponsorensuche begibt, sollte man prüfen, ob die Einbindung von Sponsoren sinnvoll, gewünscht oder erlaubt ist! TIPP

Hat man die Möglichkeit einer Sponsorenintegration geprüft, geht es darum, den Sponsoren die entsprechenden Werbemöglichkeiten einzuräumen, um ihnen das Erreichen ihrer Kommunikationsziele (zum Beispiel Bekanntheitssteigerung, Imagetransfer et cetera) zu ermöglichen.

Werbemöglichkeiten

Wenn die werbliche Integration von Sponsoren geprüft und beschlossen wurde, stellt sich die Frage, welche Werbemöglichkeiten man Sponsoren anbieten kann. Um dies zu bewerkstelligen, kann man eine Liste der verfügbaren Werbemöglichkeiten erstellen und diese entsprechend bewerten.

Werbemöglichkeit	Beschreibung	Medienpräsenz	Wertigkeit
Namingright-Sponsoring	Vergabe von Namensrechten (zum Beispiel für Sport- und Veranstaltungsstätten, Teamnamen, Veranstaltungsnamen, ...)	+++	+++
Presenting und Prädikate	Vergabe von Prädikaten (zum Beispiel »wird präsentiert von«, »offizieller Ausrüster«, ...)	++	++
Bekleidungswerbung	Werbeaufdrucke auf der Bekleidung (zum Beispiel Anzüge, Oberteile, Hosen, Kopfbedeckungen, ...)	+++	+++
Ausrüstungswerbung	Werbeflächen auf Ausrüstungsgegenständen (zum Beispiel Sportgeräte und Accessoires)	+++	+++
Banden- und Bannerwerbung	Werbeflächen im Umfeld von Veranstaltungen (zum Beispiel Spielfeldbanden, Werbebanner, Werbeaufsteller, Werbefahnen, ...)	++	++

Logopräsenz	Integration von Sponsoren auf offiziellen Kommunikationsmitteln (zum Beispiel Einlassbänder, Tickets, Briefpapier, Sponsorentafeln, Plakaten, Fahrzeugen, Give-aways, ...)	++	++
Printprodukte	Werbeanzeigen in Mitgliederzeitungen, Veranstaltungsbroschüren, Programmheften, ...	+	+
Product-Placement	Platzierung von Sponsoren-produkten im werberelevanten Umfeld (zum Beispiel Speisen und Getränke beim Catering, Getränkeflaschen bei offiziellen (Presse-)Terminen, Ausrüstungsgegenstände, ...)	++	++
VIP-Bereiche	Schaffung von Networking-Möglichkeiten für VIPs	+	+++
Sponsoren-treffen und -Workshops	Schaffung von Networking- und Austauschmöglichkeiten für Sponsoren	+	+++
Redaktion	Redaktionelle Integration von Sponsoren in die verfügbaren Kommunikationsmedien (zum Beispiel Print, TV/Bewegtbild, Hörfunk, Website, Social Media, ...)	+++	+++
Onlinewerbung	Werbliche Sponsorenintegration in Onlinemedien (zum Beispiel Werbebanner, Werbevideos, Logopräsenz, ...)	+	+
Zuschauer-werbemittel	Werbemittel für Zuschauer (zum Beispiel Krachmacher, Fahnen, ...)	++	+
Promotions-stände	Informationsstände bei Veranstaltungen	+	+
Sonstige Werbe-maßnahmen	frei definierbar	k. A.	k. A.

Werbemittel

Um Werbebotschaften transportieren zu können, gehören zu jeder Werbemöglichkeit auch die entsprechenden Sponsoringwerbemittel. Die Bandbreite kann dabei vom Logo auf der Eintrittskarte über Plakate und PVC-Banner bis zu komplexen Bandensystemen und High-Tech-LED-Wänden reichen. Der Kreativität und den technischen Möglichkeiten sind bei der Verbreitung von Sponsoringbotschaften also kaum Grenzen gesetzt.

Werbemittelbeschaffung

Sponsoringwerbemittel müssen ausgewählt, beschafft und natürlich auch bezahlt werden. Die Beschaffung der Werbemittel übernimmt in der Regel der Gesponserte, während der Sponsor die Kosten für die Werbemittelproduktion trägt.

Im Rahmen einer Sponsoringkooperation bringt es Vorteile, wenn der Gesponserte die komplette Werbemittelproduktion für den Sponsor übernimmt:

1. Man bietet seinen Sponsoren einen guten Service, indem man ihnen Arbeit abnimmt.
2. Man kann bei der Produktion der Werbemittel auf eine einheitliche Außendarstellung achten (zum Beispiel Verwendung gleicher Materialien, Formate et cetera).
3. Wer einem Werbemittelproduzenten (zum Beispiel einem Hersteller von PVC-Bannern) einen Auftrag vermittelt, der bekommt häufig eine Vermittlungsprovision dafür. Dadurch kann sich der Gesponserte eine zusätzliche Einnahmequelle erschließen.

Achten Sie darauf, Sponsoren maßvoll zu integrieren. Zu viel oder unpassende Werbung kann vom Publikum als störend wahrgenommen werden und senkt außerdem den Werbewert für die einzelnen Sponsoren. Sorgen Sie dafür, dass für jede Werbemöglichkeit auch die entsprechenden Werbemittel angeboten werden können.
Der Sponsor trägt die Kosten für die Sponsoringwerbemittel!
Kümmern Sie sich um die Werbemittelproduktion für Ihre Sponsoren. Sie können so für eine einheitliche Außendarstellung sorgen und gegebenenfalls Zusatzeinnahmen generieren.

TIPP

Wert der Sponsorenintegration

Von Sponsorsuchenden wird häufig die Frage gestellt, was man für eine angebotene Werbeleistung verlangen kann. Auf diese Frage gibt es keine pauschale Antwort. Der Wert eines Sponsoringprojektes, eines Sponsoringpaketes oder eines einzelnen Sponsoringwerbemittels hängt sehr stark davon ab, welche Zielgruppe es anspricht, was es leisten kann und wie interessant es für den jeweiligen Sponsor ist.

Beispiel: Wertigkeit unterschiedlicher Sponsoringprojekte beziehungsweise Sponsoringwerbemittel

Der FC Bayern München erlöst durch seinen Hauptsponsor Beträge im zweistelligen Millionenbereich. Ein Fußball-Fünftligist liegt hier eher im niedrigen bis mittleren fünfstelligen Bereich.
Einer Sparkasse ist das Sponsoringpaket beim örtlichen Verein einen vierstelligen Betrag pro Jahr wert. Ein international tätiger Großkonzern ohne regionales Interesse würde keinen Cent dafür bezahlen.
Eine regional ansässige Brauerei ist bereit, als Sponsor eintausend Euro für vier Anzeigen in der Vereinszeitung zu bezahlen. Für einen Sponsor, der ausschließlich online tätig ist, wäre das wahrscheinlich uninteres-

sant. Er wäre aber vielleicht bereit, denselben Betrag für Onlinewerbung zu bezahlen.

KOMPAKT

Was man für die Integration eines Sponsors in ein Sponsoringprojekt verlangen kann, hängt von unterschiedlichen Faktoren und den Präferenzen des jeweiligen Sponsors ab!

Eine konkrete Bewertung der einzelnen Werbemittel ist ohne Erfahrungswerte zugegebenermaßen sehr schwer. Um sich dem Thema anzunähern, können die angebotenen Werbemittel zunächst einmal geordnet und kategorisiert werden. Dadurch bekommt man ein ganz gutes Gespür dafür, welche der verfügbaren Werbemittel eine hohe Wertigkeit für den jeweiligen Sponsor haben könnten.

Beispielhafte Werbemittelbewertung für einen Fußballverein:

Werbeplattform	Werbemittel	Zielgruppe	Reichweite	Wertigkeit
Spielerbekleidung	Trikotbrust, Trikotärmel, Trainingsleibchen, Trainingsanzüge	Stadionbesucher, TV-Zuschauer, Zeitungsleser, Internetuser	sehr hoch	sehr hoch
Vereinswerbung	Kinowerbespot, Plakate zur Spieltags-ankündigung (Straßenrand, Bahnhof, Bushaltestellen), Onlinewerbung	Kinobesucher, Passanten, Internet-User	sehr hoch	sehr hoch
Stadionwerbung	Werbebanden	Stadionbesucher, TV-Zuschauer, Zeitungsleser, Internetuser	hoch	hoch
Vereinswebsite	Internet-bannerwerbung	Internet-User	mittel	gering
Print-Werbung	Anzeigen in der Stadionzeitung, Anzeigen in der Vereinszeitung	Stadionbesucher, Vereinsmitglieder	gering	gering
Onlinenewsletter	redaktionelle Vorstellung, Werbebanner	Newsletter-abonnenten	gering	hoch
...	...	...	...	...

Anhand einer Werbemittelbewertung wird relativ schnell klar, welche Werbemöglichkeit beziehungsweise welches Werbemittel für welche Sponsoren interessant sein könnte. Ein Sponsor, der eine hohe Medienreichweite generieren möchte, wird anhand des Beispiels Fußballverein tendenziell ein großes Interesse an den Werbeplattformen Spielerbekleidung, Stadionwerbung und Vereinswerbung haben. Im Vergleich dazu wird sich ein Sponsor, der vor allem Stadionbesucher, Fans oder Vereinsmitglieder ansprechen möchte, eher für die Werbeplattformen Vereinswebsite, Print-Werbung und Onlinenewsletter interessieren.

Auf Grundlage einer strukturierten Kategorisierung von Werbemöglichkeiten und Werbemitteln können anschließend sinnvolle Sponsoringpakete für die Sponsoren geschnürt werden.

TIPP

Legen Sie sich eine Aufstellung zur Bewertung Ihrer Werbemöglichkeiten und Werbemittel zurecht. Das hilft Ihnen, deren Wertigkeit für den jeweiligen Sponsor bestimmen zu können.

Checkliste Sponsoringintegration

Prüfung Sponsorenintegration

- ❍ Prüfung, ob man Sponsoren in das Projekt integrieren will.
- ❍ Prüfung, ob man Sponsoren in das Projekt integrieren darf. (Werden Regeln für die Sponsorenintegration vorgegeben (zum Beispiel von Veranstaltungsstätten, Veranstaltern, Verbänden et cetera)?)
- ❍ Prüfung, ob man Sponsoren in das Projekt integrieren kann.
- ❍ Prüfung, wie man Sponsoren in das Projekt integrieren kann.

Definition Werbemöglichkeiten und Werbeplattformen

- ❍ Werbeplattformen und Werbemöglichkeiten für den Sponsor definiert?
- ❍ Welche Werbemöglichkeiten beziehungsweise Werbemittel können Sponsoren zur Verfügung gestellt werden?
  - Namingright-Sponsoring
  - Presenting und Prädikate
  - Bekleidungswerbung
  - Ausrüstungswerbung
  - Banden- und Bannerwerbung
  - Logopräsenz
  - Printprodukte
  - Product-Placement
  - VIP-Bereiche
  - Sponsorentreffen und -workshops
  - Redaktion
  - Onlinewerbung
  - Zuschauerwerbemittel
  - Promotionsstände
  - Sonstige Werbemöglichkeiten

4.2 Sponsoringpakete

Bevor wir uns mit der Zusammenstellung von Sponsoringpaketen befassen, vorab ein realistisches Beispiel aus der Sponsoringpraxis. Dieses soll die unterschiedlichen Interessenlagen von Sponsoren und Sponsorsuchenden verdeutlichen und illustrierten, welche Probleme dabei oft auftreten. Man stelle sich folgendes Szenario vor:

Beispiel: Sponsoring für eine Brauerei

Der Vertriebsverantwortliche einer Brauerei möchte seinen Bierabsatz steigern. In diesem Zusammenhang interessiert er sich für Veranstaltungen, die regelmäßig viele Zuschauer anlocken und auf denen Bier ausgeschenkt wird. Hierzu zählen unter anderem auch Fußballspiele. Daher erkundigt er sich bei verschiedenen Fußballvereinen nach den entsprechenden Sponsoringmöglichkeiten und erhält unter anderem folgendes Angebot:

Hauptsponsor	Premium-Sponsor	Top-Partner
Erwähnung als Hauptsponsor in allen Pressetexten (Wort/Bild)	Firmenlogo auf der Startseite der Vereinswebsite inklusive Verlinkung zur Unternehmensseite	Firmenlogo auf Sponsorenwand
Firmenlogo auf der Startseite der Vereinswebsite inklusive Verlinkung zur Unternehmensseite	Trikotwerbung einer Jugendauswahl	Firmenlogo auf der Startseite der Vereinswebsite inklusive Verlinkung zur Unternehmensseite
Logoeinbindung im Briefkopf	Bandenwerbung auf dem Vereinsgelände	Logoeinbindung im Stadionheft und zwei Anzeigen pro Saison
Anzeigeseite im Stadionheft über die ganze Saison	PR-Fototermin mit der Jugendmannschaft	Bandenwerbung auf dem Vereinsgelände
Erwähnung auf Sponsorentafel	Firmenlogo auf Sponsorenwand	Freier Eintritt für bis zu zwei Personen bei allen Heimspielen und Verköstigung
Trikotwerbung der 1. Mannschaft	Freier Eintritt für bis zu drei Personen bei allen Heimspielen und Verköstigung	
Bandenwerbung auf dem Vereinsgelände	Logoeinbindung im Stadionheft und drei Anzeigen pro Saison	
Firmenlogo auf Spielankündigungsplakaten		
PR-Fototermin mit der 1. Mannschaft		
Freier Eintritt für bis zu vier Personen bei allen Heimspielen und Verköstigung		
5.000 Euro zzgl. MwSt.	**3.500 Euro zzgl. MwSt.**	**1.000 Euro zzgl. MwSt.**

Würde der Vertriebsverantwortliche eines der drei angebotenen Sponsoringpakete buchen, wenn das Ziel des Sponsoringengagements eine direkte Steigerung des Bierabsatzes ist? Vermutlich nicht.

Leider trifft man in der Praxis, selbst im Profibereich, viel zu oft auf derlei Standardangebote. Diese werden bei einer Sponsorenanfrage oder im Rahmen der Sponsorenakquise sofort aus der Schublade geholt und verschickt. Solch unflexible, starre Sponsoringpakete sind aber alles andere als attraktiv und wirken eher abschreckend auf potenzielle Sponsoren. Daher sollte man die Zusammenstellung von Sponsoringpaketen immer flexibel halten und auf die Bedürfnisse des jeweiligen potenziellen Sponsors abstimmen.

Unflexible Sponsoringpakete

Wer seinen Sponsoren, wie im Beispiel oben, unflexible, vordefinierte Sponsoringpakete zu einem fest definierten Preis vorsetzt, der tut sich aus folgenden Gründen keinen Gefallen:

1. Man vergrault potenzielle Sponsoren, wenn keines der fest definierten Pakete das Interesse eines potenziellen Sponsors weckt, obwohl man vielleicht doch interessante Werbeleistungen anzubieten hat.
2. Fest definierte Preise können abschreckend wirken, wenn diese über dem verfügbaren Budget des potenziellen Sponsors liegen. Bietet man ihm keine günstigeren Alternativen, dann engagiert er sich womöglich überhaupt nicht, obwohl er durchaus Interesse an einem Engagement in einem kleineren Rahmen hätte.
3. Man sendet gegenüber einem potenziellen Sponsor das Signal aus, dass man sich nicht für dessen Wünsche, Bedürfnisse und Ziele interessiert und es nur darum geht, Geld von ihm zu bekommen.

4. Mit einem fest vordefinierter Preis nimmt man sich als Sponsorsuchender jeglichen Verhandlungsspielraum. Dies ist dann besonders ärgerlich, wenn der potenzielle Sponsor bereit wäre, einen höheren Preis für die angebotene Werbeleistung zu bezahlen.

Ein starr definiertes, unflexibles Sponsoringpaket geht in den allermeisten Fällen an den Wünschen und Interessen des potenziellen Sponsors vorbei. Um diese Problematik zu umgehen, müssen Sponsorsuchende ihre Sponsoringpakete so zusammenstellen, dass diese flexibel an die Wünsche und Bedürfnisse von Sponsoren angepasst werden können.

Flexible Sponsoringpakete

Jede Branche und jeder Sponsor ist anders und besitzt ganz individuelle Besonderheiten. Diese Besonderheiten müssen bei der Zusammenstellung der Sponsoringpakete berücksichtigt werden. Man muss sich als Sponsorsuchender vor der Zusammenstellung von Sponsoringpaketen Gedanken darüber machen, welche Ziele ein potenzieller Sponsor verfolgen könnte. Erst dann ist man in der Lage, sinnvolle Sponsoringpakete mit den entsprechenden Werbemöglichkeiten zusammenzustellen.

Bezeichnung Sponsoringpaket	Ziel/Zielgruppe	Sponsoringwerbemittel, Vertriebsmöglichkeiten, ...
Medienpräsenz	Hohe Reichweite	Werbemittel mit hoher medialer Reichweite (Trikotsponsoring, Banden, Website et cetera)
Besucher	Veranstaltungs-besucher	Werbemittel, die Besucher direkt ansprechen (Tickets, Flyer, Promotionsstände, Veranstaltungsheft, Bannerwerbung et cetera)
Mitglieder	Vereinsmitglieder	Werbemittel, die Vereinsmitglieder ansprechen (Vereinszeitung, Vereinsnewsletter, Vereinswebsite et cetera)
VIP	VIP-Gäste	Werbemittel, die VIP-Gäste ansprechen (Einladungskarten, VIP-Bändchen, Promotionsstände, Give-aways, Visitenkartenständer, Ticketkontingente et cetera)
Getränke	Getränkeverkauf	• Einrichtung von Verkaufsmöglichkeiten für Getränke bei Veranstaltungen • Werbemittel, die Getränkekäufer ansprechen (Becher, Bierdeckel, Tabletts, Getränkekarten, Banner et cetera)
Ausrüster	Ausrüster	• Einrichtung von Vertriebsmöglichkeiten für Ausrüster (Merchandising-Stände, Onlineshop et cetera) • Einrichtung von Ausrüster-Werbeflächen (Bekleidung, Onlinewerbung, Fanartikel et cetera)
Online	Internetuser	Werbemittel, die vor allem Online-User ansprechen (Social-Media-Plattformen, Onlinebanner, Onlinenewsletter et cetera)

Abbildung 17: Grobe Zusammenstellung zielgerichteter und themenspezifischer Sponsoringpakete

Die in Abbildung 18 dargestellten Sponsoringpakete stellen nur eine grobe, beispielhafte Übersicht dar, wie eine zielgerichtete und themenspezifische Zusammenstellung von Sponsoringpaketen aussehen könnte. Letztendlich muss man solche Pakete für jedes Sponsoringprojekt und den jeweiligen Sponsor individuell zusammenstellen. Eine solche Liste sollte zudem jederzeit beliebig erweitert werden können. Der Fantasie sind bei der Ausgestaltung der Pakete keine Grenzen gesetzt.

Für jeden potenziellen Sponsor sollte ein individuelles Sponsoringpaket zusammengestellt werden, welches sich an seinen Wünschen und Bedürfnissen orientiert. TIPP

Bartering-Pakete (Sachleistungssponsoring)

Viele Sponsorsuchende denken beim Sponsoring vor allem an die Deckung ihrer Kosten durch Finanzmittel von Sponsoren. Dabei wird häufig übersehen, dass auch Sach- oder Dienstleistungen von Sponsoren einen Beitrag zur Finanzierung beziehungsweise Kostensenkung von Sponsoringprojekten leisten können.

Solche Tauschgeschäfte ohne Geldfluss werden als Bartering bezeichnet. Hierbei stellt der Gesponserte dem Sponsor seine Werbemöglichkeiten zur Verfügung und erhält dafür im Gegenzug benötigte Sach- oder Dienstleistungen anstatt der sonst üblichen Geldleistungen.

Beispielhafte Sachleistungssponsorings

Ein Energydrink-Hersteller *stellt für eine Laufsportveranstaltung Getränke für die Streckenverpflegung zur Verfügung. Er erhält im Gegenzug einen Promotionsstand und Werbemittel auf der Strecke.*

Ein Automobilhersteller *stellt Fahrzeuge für eine Kulturveranstaltung zur Verfügung. Damit werden prominente Gäste vom Hotel zum Veranstaltungsort gebracht. Pressefotografen fotografieren die aus den Fahrzeugen aussteigenden VIPs und erzeugen Medienpräsenz für den Automobilhersteller.*

Eine Umweltorganisation *benötigt Medienpräsenz, um auf ein Urwaldprojekt aufmerksam zu machen. Die Organisation erlaubt einem TV-Sender, das Prädikat »Offizieller Partner« zu nutzen und erhält im Gegenzug Werbeplätze zur kostenfreien Präsentation der eigenen TV-Spots.*

Ein Kulturverein *benötigt Plakate zur Bekanntmachung einer Konzertreihe. Eine Druckerei und eine Werbeagentur erstellen die Plakate und werden im Gegenzug auf Plakaten und Veranstaltungsbroschüren als »Sponsor« genannt.*

Einem Sponsor fällt es in der Regel sehr viel leichter, Sach- oder Dienstleistungen an Stelle von finanziellen Mitteln zur Verfügung zu stellen. Dies hat folgende Gründe:

- Die gesponserte Sach- oder Dienstleistung hat in der Regel einen sehr hohen thematischen Bezug zum Sponsoringprojekt. Dies macht den Sponsor sehr glaubwürdig (Stichwort: Sponsoringimage).
- Ein Sponsoring von Sach- und Dienstleistungen präsentiert den Sponsor mit seiner Kernkompetenz und macht sein Angebot erlebbar.

Sponsoren fällt es leichter, Sach- oder Dienstleistungen anstelle von Finanzmitteln zur Verfügung zu stellen. Nutzen Sie daher die Möglichkeit von Bartering-Deals, um die Kosten Ihres Projektes zu senken!

TIPP

Checkliste Sponsoringpakete

- ❍ Werbemöglichkeiten für den Sponsor in Form von Paketen zusammengefasst?
- ❍ Sponsoringpakete bewertet und Preise für Sponsoringpakete festgelegt?
- ❍ Sachleistungs- beziehungsweise Bartering-Pakete für Sponsoren definiert?
- ❍ Sponsoringpakete jederzeit flexibel auf Wünsche des Sponsors anpassbar?

4.3 Sponsorenstruktur

Nachdem Sponsoringpakete zusammengestellt sind, empfiehlt es sich, sich Gedanken zur Sponsorenstruktur beziehungsweise einer Sponsorenhierarchie zu machen. Mit einer Sponsorenstruktur ordnet man die einzelnen Sponsoren anhand der Wertigkeit der von ihnen erworbenen Sponsoringpakete hierarchisch ein. Dies geschieht meist in Form einer Pyramide. Innerhalb einer Sponsorenpyramide steigt die Wertigkeit der Sponsoren von unten nach oben.

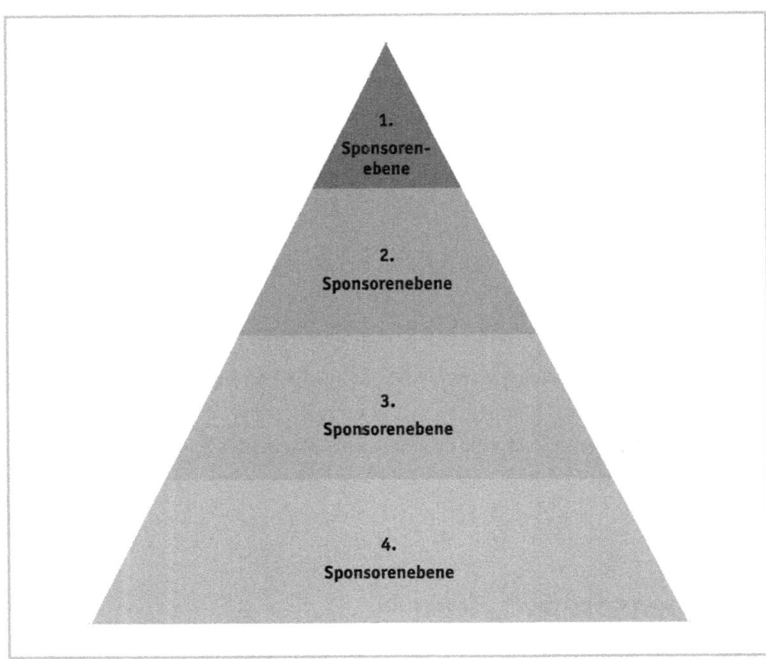

Abbildung 18: Beispiel für eine Sponsorenpyramide mit vier Sponsorenebenen

An oberster Stelle befinden sich die Sponsoren mit den exklusivsten, teuersten und wertvollsten Sponsoringpaketen. Sponsoren mit weniger exklusiven und günstigeren Sponsoringpaketen findet man in den unteren Ebenen. Die Anzahl der Sponsorenebenen kann nach Bedarf variiert werden.

Abbildung 19: Sponsorenstruktur beziehungsweise Sponsorenhierarchie mit vier Ebenen, die individuell benannt werden können. Die Zuordnung der Sponsoren zur jeweiligen Ebene beziehungsweise Kategorie erfolgt anhand der Wertigkeit der Sponsoringpakete

Wie die einzelnen Sponsorenebenen jeweils benannt und kategorisiert werden, oder wie viele Ebenen man innerhalb einer Sponsorenpyramide nutzt, spielt keine Rolle. Wichtig ist aber die Einhaltung der Pyramidenform, denn es macht für Sponsoren einen Unterschied, ob sie den Titel »Hauptsponsor«, »Premiumsponsor« oder »Sponsor« für eigene Kommunikationsmaßnahmen verwenden dürfen. Eine Sponsorenhierarchie stellt somit einen Leistungswert an sich dar und ist ein gutes Instrument, um höhere Einnahmen oder Sachleistungen einzuwerben. Auch in Verhandlungen mit Sponsoren eröffnen sich zusätzliche Spielräume. So manch schwieriger Verhandlungspartner zahlt am Ende doch gerne die geforderten Paketpreise, wenn er eine höhere Hierarchiestufe im Sponsorenkreis einnehmen kann.

Bedeutung der Sponsorenstruktur

Die Abgrenzung der Sponsoren untereinander ist wichtig, um den Sponsoren die Wertigkeit der einzelnen Sponsoringpakete und auch die Preisunterschiede klar zu machen. Mithilfe der Sponsorenstruktur hat aber auch der Gesponserte immer einen guten Überblick darüber, welche Sponsorenebene welchen finanziellen Beitrag zum Sponsoringprojekt leistet.

Sponsorenpyramide als Controlling-Instrument

Immer wieder hört man von Sponsoringprojekten, bei denen der Ausstieg des Hauptsponsors auch das Aus für das gesamte Projekt bedeutet. Daher sollte man sich als Anbieter von Sponsoringpaketen nicht nur auf die oberen Sponsorenebenen mit wenigen oder nur einem Hauptsponsor konzentrieren, sondern einen besonderen Schwerpunkt auf die unteren Sponsorenebenen, die Sponsorenbasis, legen. Hierbei kann die Sponsorenpyramide als hervorragendes Controlling-Instrument dienen.

Ob ein Sponsoringprojekt auf finanziell gesunden Füßen steht, kann man relativ schnell feststellen, wenn man sich die Verteilung des Sponsoringvolumens auf den unterschiedlichen Sponsorenebenen anschaut. Dieses sollte nämlich so verteilt sein, dass die Spitze der Pyramide von der Basis getragen wird.

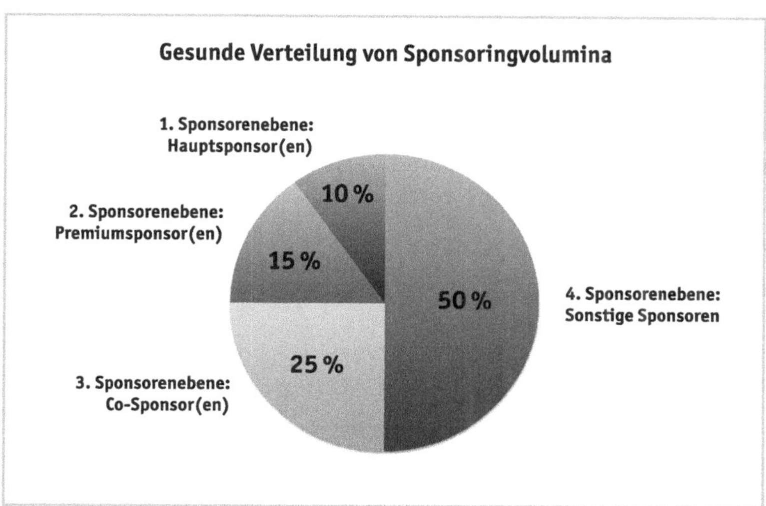

Abbildung 20: Beispiel für eine gesunde Sponsorenfinanzierung. Das Sponsoringbudget verteilt sich auf viele unterschiedlichen Sponsoren. Der Wegfall des Hauptsponsors würde zwar weh tun, wäre aber zu verkraften

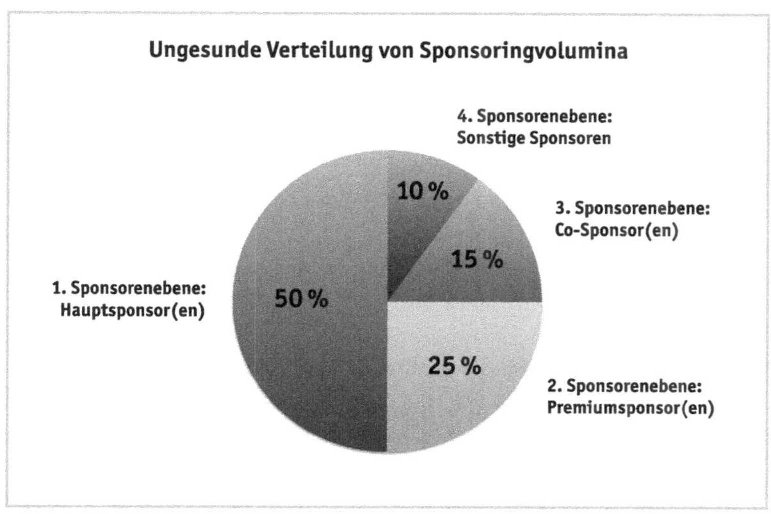

Abbildung 21: Beispiel für eine ungesunde Sponsorenfinanzierung. Das Sponsoringbudget wird von einigen wenigen Großsponsoren geschultert. Der Wegfall des Hauptsponsors ist existenzbedrohend

Tragen die Sponsoren der oberen Sponsorenebenen die finanzielle Last, dann bedroht der Ausstieg dieser Sponsoren das gesamte Sponsoringprojekt. Daher sollte der Wegfall der obersten Sponsorenebene niemals existenzgefährdend für das Sponsoringprojekt sein!

TIPP

Nutzen Sie die Sponsorenpyramide dazu, die Finanzstruktur zu planen und die finanzielle Stabilität Ihres Sponsoringprojektes zu kontrollieren!

Checkliste Sponsorenstruktur

- ❍ Sponsorenstruktur beziehungsweise Sponsorenhierarchie erstellt?
- ❍ Werbemöglichkeiten und Sponsorenpakete entsprechend ihrer Wertigkeit den Hierarchieebenen der Sponsorenstruktur zugeordnet?
- ❍ Sponsorenpyramide zur Planung und Kontrolle der Finanzstruktur des Sponsoringprojektes vorbereitet?

4.4 Sponsoringerfolgskontrolle

Bevor man mit der Sponsorenakquise beginnt, ist es wichtig, sich Gedanken über die Sponsoringerfolgskontrolle zu machen. Nur wenn man einem Sponsor zeigen kann, dass das Sponsoringengagement erfolgreich war, steigt die Chance, dass dieser sich über einen längeren Zeitraum engagiert.

TIPP

Überlegen Sie sich bereits bei der Erstellung des Sponsoringkonzeptes, wie Sie den Erfolg Ihres Sponsoringprojektes kontrollieren wollen!

Sponsoringziele und Erfolgskontrolle

Wie bereits erwähnt, verfolgen professionell agierende Sponsoren mit einem Sponsoringengagement ganz bestimmte Kommunikationsziele. Trägt das Sponsoring nicht dazu bei, diese Kommunikationsziele zu erreichen, dann macht das Engagement wenig Sinn für den Sponsor.

Damit man als Sponsoringnehmer auf die Ziele seiner Sponsoren hinarbeiten kann, muss klar sein, was der jeweilige Sponsor mit seinem Engagement überhaupt erreichen möchte. Daher sollte man sich im Gespräch mit dem Sponsoringpartner möglichst immer über dessen Ziele ins Bild setzen lassen. Dadurch schafft man die Möglichkeit, sich bei der Umsetzung des Sponsoringengagements voll und ganz an den Zielen des Sponsors zu orientieren und nur dann ist es möglich, diese auch zu erreichen. Hat man hingegen keine Kenntnis oder nur vage Vermutungen über die Sponsoringziele seines Partners, wird eine effektive Zielerreichung sehr schwer bis unmöglich. Dies hat in den meisten Fällen zur Folge, dass der Sponsoringpartner unzufrieden mit dem Engagement ist und es schnell wieder beendet. Besonders bei Unternehmen mit wenig Sponsoringerfahrung kann es vorkommen, dass diese ihre Sponsoringziele vorab nicht klar definiert haben. In diesem Fall bietet es sich an, die Sponsoringziele gemeinsam mit dem Kooperationspartner zu erarbeiten. Sponsoringnehmer und Sponsoringgeber werden so besser in die Lage versetzt, den Zielerreichungsgrad beabsichtigter Engagements zu messen und zu kontrollieren.

Neben der Zieldefinition sollte es zudem im Interesse beider Seiten liegen, sich Gedanken über geeignete Kontrollsysteme zur Messung der Sponsoringziele zu machen. Die Planung einer umsetzbaren Erfolgskontrolle ist ein wichtiger Erfolgsbaustein eines jeden Sponsoringkonzeptes. Nur mit einer vorab geplanten Sponsoringerfolgskontrolle können sowohl der Gesponserte als auch der Sponsor später feststellen, ob die umgesetzten Sponsoringmaßnahmen Sinn im Hinblick auf die Erreichung der Sponsoringziele machen. Beide Seiten sollten sich daher im Rahmen ihrer Möglichkeiten um die Kontrolle des Sponsoringerfolgs bemühen. Als Gesponserter bewerkstelligt man dies in Form einer Leistungskontrolle, als Sponsor in Form einer Wirkungskontrolle.

TIPP

Transparenz bei den Sponsoringzielen und deren Erreichung kann ein hervorragendes Instrument zur Sponsorenbindung sein. Wenn ein Sponsoring die Zielvorgaben erfüllt oder besser noch übertrifft, gibt es für den zahlenden Partner wenig Veranlassung, das Engagement zu beenden oder einzuschränken. Informieren Sie sich beim Sponsor, welche konkreten Ziele er mit dem Sponsoringengagement verfolgt! Gerade bei langfristigen Engagements und Hauptsponsoren sollten Sie im eigenen Interesse keinen Blindflug fliegen. Bemühen Sie sich im Zweifel darum, mit dem Sponsor Zielsetzungen zu definieren.

Leistungskontrolle

Im Rahmen eines Sponsoringengagements sollte man als Gesponserter immer in der Lage sein, seine erbrachte Sponsoringleistung zu belegen. Neben der obligatorischen Erfüllung und Dokumentation der im Sponsoringvertrag vereinbarten Leistungen sollte der Gesponserte außerdem belegen können, was er unternommen hat, um den Sponsor beim Erreichen seiner Ziele zu unterstützen. Dies lässt sich beispielsweise mit der Dokumentation, Messung und Auswertung der erzielten Medienreichweite bewerkstelligen.

Dokumentieren Sie grundsätzlich die Medienberichterstattung über Ihr Sponsoringprojekt und messen Sie, welche Medienreichweite Sie mit der Medienberichterstattung für den jeweiligen Sponsor erzielen.

TIPP

Eine so durchgeführte Leistungskontrolle vermittelt dem Sponsor ein hohes Maß an Professionalität. Entspricht das vorgelegte Ergebnis dann noch den Erwartungen des Sponsors, dann sollte dieser leicht von einer Fortführung des Engagements zu überzeugen sein.

Die Leistungskontrolle ist Aufgabe eines professionell arbeitenden und seriösen Sponsoringnehmers. Er dokumentiert die Erbringung der vereinbarten Vertragsleistungen und kümmert sich um die Medienanalyse.

Wirkungskontrolle

Neben der Leistungskontrolle gibt es beim Sponsoring auch die Wirkungskontrolle, die weit über eine rein quantitative Analyse (zum Beispiel der Medienreichweite) hinausgeht. Im Rahmen der Wirkungskontrolle wird analysiert, welche Auswirkungen das Sponsoringengagement auf die Zielgruppe hat. Hierbei stehen beispielsweise folgende Fragestellungen im Mittelpunkt des Interesses:

- Hat sich die Bekanntheit des Sponsors innerhalb der für ihn interessanten Zielgruppe erhöht?
- Hat sich das Image des Sponsors in Folge des Sponsorings verändert (Imagetransfer)?
- Wurden die angestrebten Vertriebs- und Umsatzziele erreicht?

Im Vergleich zur Leistungskontrolle ist die Durchführung einer Wirkungskontrolle aufwendiger, komplexer und kostspieliger, da der Sponsor hierzu eine aktive Marktforschung innerhalb seiner Zielgruppe(n) betreiben muss. Wie auch bei klassischen Werbemaßnahmen (Anzeigenschaltung, TV-Werbung et cetera) steht der Werbetreibende immer selbst in der Pflicht, den Erfolg seiner Werbemaßnahmen zu kontrollieren. Auch beim Sponsoring ist er selbst dafür verantwortlich, da der Sponsoringnehmer dies schon aus rein praktischen Gründen keinesfalls leisten kann. Sponsoringerfolge sind nämlich letztlich Vermarktungserfolge für Unternehmen und damit in der Regel ein wohlgehütetes Geheimnis, das man höchst ungern dem Sponsoringnehmer und damit möglicherweise auch dem Wettbewerb preisgeben möchte.

TIPP

Mit der Wirkungskontrolle wird der qualitative Zielerreichungsgrad für den Sponsor gemessen. Für die Wirkungskontrolle ist der Sponsor selbst zuständig.

Beispiel: Leistungsangebot Promotionstand

Leistungs- beziehungsweise Wirkungskontrolle können gut anhand der Werbemaßnahme Promotionstand verdeutlicht werden:

Ein Unternehmen erhält als Sponsoringleistung bei einen Event unter anderem einen Promotionstand. Für den Veranstalter oder Sponsoringnehmer besteht dann die Leistungspflicht darin, die Standfläche für den Promotionstand und somit eine Kontaktmöglichkeit zwischen dem Sponsor und potenziellen Kunden herzustellen. Die Leistungskontrolle könnte darin bestehen, dem Sponsor mitzuteilen, wie viele Besucher vor Ort waren.

Für den Sponsor geht es mit dem Promotionstand darum, seine Bekanntheit zu steigern und direkten Kontakt zu potenziellen Kunden zu bekommen. Inwiefern die Kontaktquantität (Anzahl der Standbesucher) und Kontaktqualität (Interesse an den angebotenen Produkten oder Dienstleistungen) stimmen, kann nur der Sponsor selbst anhand der quantitativen und qualitativen Auswertung der Kundenkontakte nach dem Event feststellen.

Abbildung 22: Sponsoringerfolgskontrolle am Beispiel Promotionstand: Wie können Leistungs- und Wirkungskontrolle aussehen? Bildquelle: Wikipedia, David McSpadden, CC BY 2.0

Checkliste Sponsoringerfolgskontrolle

❍ Dokumentation der Vertragsleistungen geplant?

❍ **Reichweitendokumentation in klassischen Medien vorbereitet?**

- Printberichterstattung?
- Hörfunkberichterstattung?
- TV-Berichterstattung?

❍ **Reichweitendokumentation in Onlinemedien vorbereitet?**

- Eigene Website (zum Beispiel über Google Analytics)?
- Onlineberichterstattung auf externen Websites?
- Social-Media-Reichweiten (intern und extern) (Facebook, Twitter, YouTube, Instagram et cetera)?

Sponsoringunterlagen

Hat man die für eine erfolgreiche Sponsorenakquise erforderlichen Sponsoringgrundlagen (Zielgruppe, Reichweite, Image) geschaffen und das entsprechende Sponsoringkonzept vorbereitet, kann man sich mit der eigentlichen Sponsorenakquise befassen. Bevor man allerdings damit beginnt, potenzielle Sponsoren anzusprechen, müssen noch überzeugende Sponsoringunterlagen erstellt werden, die interessierten Unternehmen und deren Ansprechpartnern als Informationsgrundlage zu einem Sponsoringprojekt dienen.

Grundsätzlich gilt, egal ob Sportler, Künstler oder gemeinnützige Organisation: Wer sich auf Sponsorensuche begibt, der betritt die Geschäftswelt und sollte die in der Geschäftswelt üblichen Regeln und Umgangsformen auch im Rahmen der Sponsorenakquise berücksichtigen. Dies gilt nicht nur im Hinblick auf den Kommunikationsstil gegenüber potenziellen Sponsoren, sondern auch für die Außendarstellung, wozu auch die verwendeten Geschäftsunterlagen (Visitenkarten, Briefpapier, Präsentationsmaterialien et cetera) gehören. Spätestens mit der Vorbereitung der Sponsoringunterlagen sollte man sich daher um professionelle Geschäftsunterlagen kümmern.

TIPP

Die für die Sponsorenakquise benötigten Geschäftsunterlagen bestehen (mindestens) aus Visitenkarte, Briefpapier und einer Präsentationsvorlage für die Sponsorenpräsentation. Es empfiehlt sich, diese Geschäftsmaterialien einmalig von einem professionellen Grafikdesigner in digitaler Form erstellen zu lassen.

Wie die Bewerbungsunterlagen für eine Arbeitsstelle dienen die Sponsoringunterlagen dazu, einen ersten guten Eindruck zu vermitteln. Zudem dienen sie dazu, dem jeweiligen Ansprechpartner eine kurze

Einführung zum Projekt zu geben und für den potenziellen Sponsor grundlegende Informationen zur Verfügung zu stellen. Sie bestehen in der Regel aus einem kurzen Sponsorenanschreiben und einer etwas ausführlicheren Sponsorenpräsentation.

TIPP

Bevor man mit der Sponsorenakquise beginnen kann, müssen geeignete Sponsoringunterlagen vorbereitet werden. Sponsoringunterlagen sind prägender Bestandteil eines guten oder schlechten ersten Eindrucks, der erheblich über die Chancen einer Sponsorengewinnung entscheidet.

Im Folgenden wird zuerst vorgestellt, wie man eine überzeugende Präsentation für seine Sponsoringprojekte erstellt. Die Sponsorenpräsentation enthält in kurzer Form alle wesentlichen Informationen über das Projekt und bildet die Grundlage für das jeweilige Sponsorenanschreiben.

5.1 Sponsorenpräsentation

Die Sponsorenpräsentation dient dazu, dem potenziellen Sponsor einen ersten, kompakten Überblick über ein Sponsoringprojekt zu geben. Ziel ist es, das Interesse des potenziellen Sponsors am Sponsoringprojekt zu wecken, so dass dieser mehr darüber erfahren möchte.

Leider wird der Aufwand, der für die Erstellung einer Sponsorenpräsentation betrieben werden muss, von vielen Menschen, die einen Sponsor für ihr Projekt suchen, gescheut. Meistens wird lediglich ein kurzes Sponsorenanschreiben aufgesetzt, in dem um ein Engagement als Sponsor gebeten wird. Das ist aber vollkommen unzureichend, um jemandem einen ersten und überzeugenden Einblick in ein Sponsoringprojekt zu geben.

Im Zusammenhang mit den Sponsoringgrundlagen und der Sponsoringerfolgskontrolle bin ich bereits darauf eingegangen, dass Sponsoren eine Entscheidung für oder gegen ein Engagement ähnlich treffen wie bei klassischen Werbemaßnahmen (zum Beispiel Schaltung von Print-Anzeigen, TV-Spots et cetera). Wer also Sponsoringeinnahmen generieren möchte, der muss ähnlich agieren wie Anzeigenverkäufer bei einer Zeitschrift, einer Zeitung oder einem TV-Sender und entsprechende Mediadaten für seine Kunden bereithalten. Bei einem Verlag oder einem TV-Sender würde beispielsweise kein Verkäufer auf die Idee kommen, Werbeplätze ohne Verkaufsunterlagen oder Mediadaten zu verkaufen, denn ein Werbekunde möchte selbstverständlich überprüfen können, ob der angebotene Werbeplatz für ihn geeignet ist. Dasselbe gilt für potenzielle Sponsoren. Daher ist eine aussagekräftige Sponsorenpräsentation ein elementarer Erfolgsfaktor bei der Sponsorensuche. In der Praxis verzichten viele Sponsorsuchende auf eine Sponsorenpräsentation beim Versand ihrer Sponsoringunterlagen. Dies ist häufig mit ein Grund, warum keine Sponsoren für ein Projekt gewonnen werden können.

Eine gelungene Sponsorenpräsentation zeichnet sich dadurch aus, dass sie die umfangreichen Informationen zu einem Sponsoringprojekt strukturiert und übersichtlich darstellt und die für den jeweiligen Sponsor wesentlichen Punkte gut zusammengefasst. Da jedes Unternehmen beim Sponsoring unterschiedliche Ziele verfolgt, sollte grundsätzlich immer überlegt werden, inwieweit eine bestehende Präsentation für einen bestimmten Interessenten individualisiert werden kann. Je besser es gelingt, dem potenziellen Sponsor die Vorteile eines Sponsoringengagements vor Augen zu führen, desto größer ist die Chance, ihn zu einem Gesprächstermin zu bewegen und einen erfolgreichen Abschluss zu erzielen.

In der Sponsorenpräsentation werden die für einen potenziellen Sponsor wichtigen Informationen kurz, optisch ansprechend und überzeugend zusammengefasst.

TIPP

Die Erstellung einer guten Sponsorenpräsentation wird häufig dadurch erschwert, dass der Ersteller sich bereits sehr intensiv mit dem Sponsoringprojekt beschäftigt hat und daher oftmals an einer fortgeschrittenen Betriebsblindheit leidet. Daher ist man häufig nicht mehr in der Lage, einzelne Sachverhalte auch für einen Laien (zum Beispiel den potenziellen Sponsor) verständlich aufzubereiten. Dies ist aber notwendig, gerade wenn Unternehmer erstmalig mit Sponsoring in Berührung kommen.

Neben der Kunst, die für einen Sponsor relevanten Informationen inhaltlich übersichtlich und verständlich darzustellen, scheitern viele bei der Erstellung einer Sponsorenpräsentation auch an ihren technischen und gestalterischen Fähigkeiten. Neben der Bedienung der entsprechenden Technik (Präsentationssoftware) muss eine Präsentation stets auch durch ein ansprechendes Layout und Design sowie eine gute Auswahl an Bild- und Grafikelementen überzeugen. Laien stoßen hier schnell an ihre Grenzen.

Wer Probleme bei der inhaltlichen und optischen Gestaltung einer Sponsorenpräsentation hat, der sollte sich bei deren Erstellung von einem Fachmann helfen lassen.

TIPP

Layout und Design

Wer keine Erfahrung im Bereich Layout und Design hat, der sollte die optische Gestaltung seiner Sponsorenpräsentation besser einem professionellen Designer überlassen. Viele handgestrickte Sponsorenpräsentationen hinterlassen bei potenziellen Sponsoren nämlich einen unprofessionellen Eindruck, was die Erfolgschancen, einen Sponsor zu gewinnen, enorm verringert.

Gerade bei Layout und Design seiner Sponsorenpräsentation sollte man als Sponsorsuchender nicht sparen. Das menschliche Gehirn benötigt nur Zehntelsekunden, um sich einen Eindruck über einen Unbekannten zu verschaffen und dieser Eindruck bleibt in der Regel bestehen. Es lohnt sich daher auf jeden Fall, ein paar Euro für eine professionell gestaltete Designvorlage zu investieren.

TIPP

Achten Sie auf eine professionelle Designvorlage für Ihre Sponsorenpräsentation. Holen Sie sich bei Bedarf Hilfe von einem Grafikdesigner. Bedenken Sie bitte, dass der erste Eindruck oftmals auch der Bleibende ist.

Inhalt richtig aufbereiten

Leider zeigt sich in der Praxis immer wieder, dass Sponsorsuchende große Probleme mit der inhaltlich sinnvollen Aufbereitung der Sponsorenpräsentation haben.

Bei der Sponsorenpräsentation geht es darum, die für den Sponsor relevanten Informationen in kompakter Form aufzubereiten. Er soll sich durch Überfliegen der Unterlagen in kürzester Zeit ein Bild vom Projekt machen und die angebotenen Leistungswerte (Sponsoringzielgruppe,

Sponsoringimage, Sponsoringreichweite et cetera) erfassen und begreifen können. Erst wenn der potenzielle Sponsor das Gefühl hat, dass ihm ein finanzielles Engagement bei der Erreichung seiner Kommunikationsziele helfen kann, bestehen wirkliche Chancen auf eine positive Rückmeldung. Daher sollte immer auf die Länge der Präsentation geachtet werden. Typische Anfängerfehler sind lange und wenig relevante Ausführungen zur Historie, der Philosophie oder eine sehr detaillierte Auflistung von Sponsoringpaketen und Preisen. Darauf kommt es aber im ersten Schritt für den Sponsor gar nicht an. Für ihn geht es nämlich in erster Linie darum zu bewerten, ob das Sponsoringangebot ihm bei der Erreichung seiner kommunikativen Ziele helfen kann.

TIPP

Eine Sponsorenpräsentation muss die für den potenziellen Sponsor wesentlichen Informationen kurz und verständlich zusammenfassen. Zeigen Sie Ihre Sponsorenpräsentation nach der Fertigstellung nochmals einem externen Sponsoringberater. Er wird Ihnen sagen, ob sich die Sponsorenpräsentation für die Sponsorenakquise eignet und Ihnen bei Bedarf Verbesserungsvorschläge unterbreiten können!

Erstellung einer Sponsorenpräsentation

Die Erstellung einer Sponsorenpräsentation läuft im Prinzip immer nach einem ähnlichen Schema ab. Man entscheidet sich für eine Präsentationssoftware zur Erstellung der Präsentation. Anschließend legt man Umfang und Layout der Präsentationsfolien fest. Am Ende werden die vorbereiteten Präsentationsfolien mit dem Inhalt bestückt.

Software und Umfang

Bei der Erstellung einer Sponsorenpräsentation hat sich der Einsatz von Präsentationssoftware wie Microsoft PowerPoint, Keynote (Mac) oder dem kostenlosen OpenOffice bewährt. Die Präsentation sollte nicht zu umfangreich sein und leicht verschickt werden können. In der Praxis hat es sich daher bewährt, wenn man sich bei der Erstellung an folgenden Rahmenbedingungen orientiert:

Umfang: Etwa zehn Folien, da die Präsentation sonst zu lang wird und nicht mehr schnell durchgearbeitet werden kann.

Schriftgröße: Nicht kleiner als eine Schriftgröße von 16 Punkt, damit man nicht dazu verleitet wird, zu viel Text auf der Folie unterzubringen. Je mehr Informationen man auf der Folie platziert, desto stärker leidet die Lesbarkeit!

Folienformat: Querformat, da man die einzelnen Folien in zwei Hälften aufteilen und so gut mit Bild- und Textinhalten arbeiten kann.

Dateiformat: PDF, damit sichergestellt wird, dass die Präsentation unabhängig von der zur Erstellung verwendeten Software immer richtig dargestellt wird.

Dateigröße: Maximal fünf Megabyte, damit sie ohne Probleme per E-Mail verschickt werden kann.

Wenn man sich bei der Erstellung der Präsentation an die oben aufgeführten Rahmenbedingungen hält, stellt man sicher, dass die Sponsorenpräsentation nicht zu umfangreich wird, man sich auf die für den

Sponsor wesentlichen Dinge konzentriert und damit den Leser weder technisch noch inhaltlich überfordert.

Die Vorgabe von etwa zehn Folien für die Sponsorenpräsentation hilft dabei, sich auf das für den Sponsor Wesentliche zu beschränken. TIPP

Aufbau und Gestaltung

Beim Layout für eine Sponsorenpräsentation hat sich die Verwendung von Querformaten bewährt. Das Querformat erlaubt es, Bild- und Textinformation gleichzeitig für den Leser bereitzustellen. Das Folienbild repräsentiert das Thema der Folie und wird um den entsprechenden Text ergänzt. Für die Erstellung der Präsentation benötigt man eine Titelfolie und die Inhaltsfolien.

Titelfolie

Die Titelfolie besteht aus einem aussagekräftigen Bild und dem Präsentationstitel. Wer ein eigenes Logo besitzt, der kann dies als Wiedererkennungsmerkmal auf allen Folien integrieren. Bereits mit der Titelfolie sollte der Leser sofort erfassen können, worum es in der Präsentation geht.

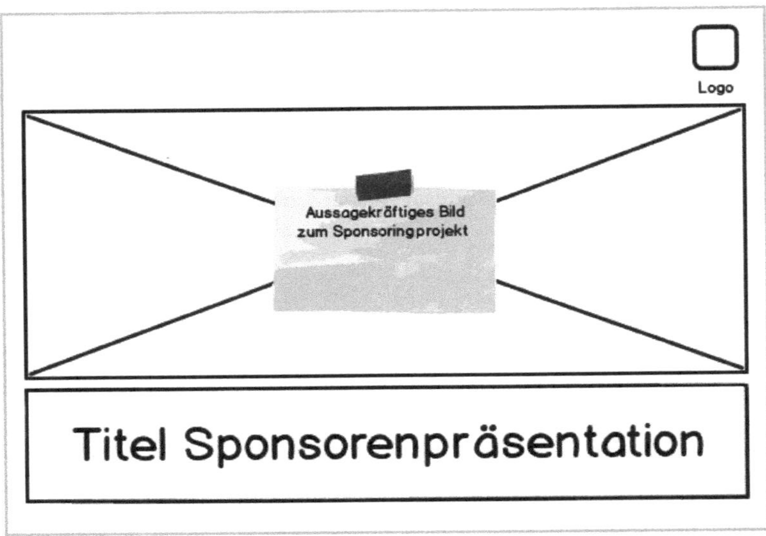

Abbildung 23: Beispiel für die Titelfolie einer Sponsorenpräsentation mit Titel, Bild und Logo

Inhaltsfolie

Auf den Inhaltsfolien wird das Sponsoringprojekt inhaltlich vorgestellt. Diese bestehen aus einer Folienüberschrift und dem Textinhalt, der nach Möglichkeit um für die Folie aussagekräftiges Bildmaterial ergänzt wird.

Die Verwendung der beschriebenen Layouts hat den Vorteil, dass sie sich für jegliche Art von Inhalt eignen. Möchte man auf den Inhaltsfolien nur Text- oder Bildmaterial unterbringen, dann kann man das Bild- beziehungsweise Textfeld einfach weglassen. Überschriften, Bilder und Text lassen sich jederzeit austauschen. Somit kann die Präsentation immer schnell an den jeweiligen potenziellen Sponsor angepasst werden.

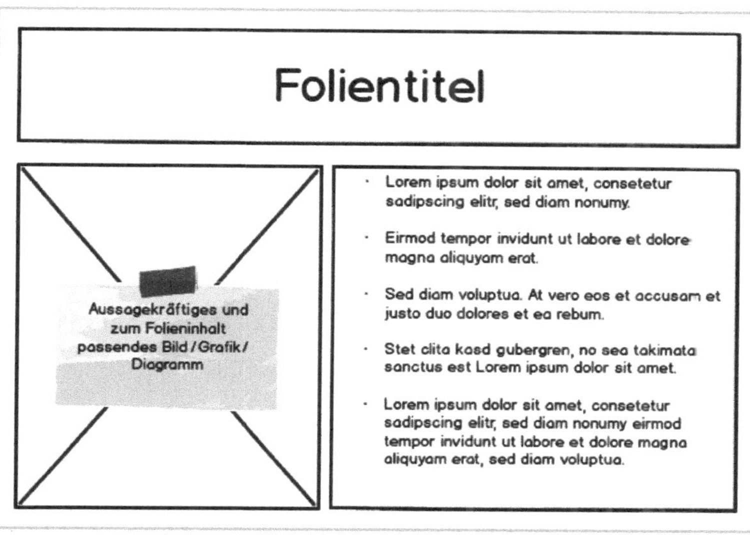

Abbildung 24: Beispiel für eine Inhaltsfolie mit Folienüberschrift, Bild und Textbereich

Inhaltsstruktur

Titelfolie (Folie 1)

Zentrales Element der Titelfolie sollte ein für das Sponsoringprojekt aussagekräftiges Bild sein, damit dem Leser sofort klar wird, worum es in der Präsentation geht. Dieses Bild wird um einen ebenfalls aussagekräftigen Titel ergänzt.

Kurzvorstellung (zwei bis drei Folien)

Zunächst wird das Sponsoringprojekt mit den wichtigsten Eckdaten kurz vorgestellt. Kurz bedeutet dabei, mit wenigen Stichpunkten exakt so viele Informationen zu liefern, dass sich der Leser grob vorstellen kann, mit wem er es zu tun hat und worum es bei dem Sponsoringprojekt geht.

Zahlen, Daten und Fakten (zwei bis drei Folien)

Sponsoringverantwortliche in Unternehmen lieben Zahlenmaterial. Daher sollte der Leser mit allen für ihn wichtigen Zahlen, Daten und Fakten zum Sponsoringprojekt versorgt werden. Hier bringt man die Informationen zur Sponsoringzielgruppe, der Sponsoringreichweite und dem Sponsoringimage unter und verstärkt diese mit aussagekräftigem Bildmaterial (Grafiken, Diagramme et cetera). Bei der Verwendung von Zahlenmaterial sollte immer eine Datenquelle angegeben werden.

Beispiel: Biathlon schlägt Eishockey

Ein sportlich erfolgreicher Biathlonverein möchte Sponsoren gewinnen. Allerdings steht er in Konkurrenz mit einem ebenfalls sportlich erfolgreichen Eishockey-Verein. Um den potenziellen Sponsor davon zu überzeugen, dass Biathlon die richtige Sportart für sein Unternehmen ist, bringt er das Argument, dass Biathlon die beliebteste Wintersportart der Deutschen ist. Dies kann mit einem aussagekräftigen Diagramm und dem Hinweis zur Quelle in der Sponsorenpräsentation belegt werden.

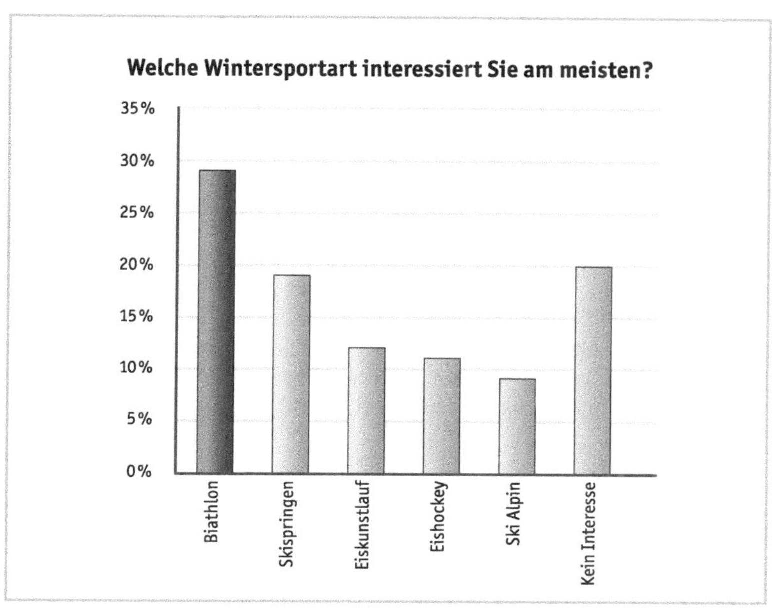

Abbildung 25: Aussagekräftiges Diagramm und Beleg für Sponsoringpräsentation: Biathlon ist die beliebteste Wintersportart. Quelle: SID (Sport-Informationsdienst), 2014

Werbemöglichkeiten (zwei bis drei Folien)

Wenn sich der Leser für das Projekt und seine Leistungskennzahlen interessiert, dann möchte er natürlich auch wissen, welche Werbemöglichkeiten man anzubieten hat. Eine elegante Möglichkeit, die eigenen Werbemöglichkeiten zu präsentieren, ist der Einsatz von Bildmaterial, welches unterschiedliche Sponsoringwerbemittel in Aktion zeigt. Außerdem kann man auf einer separaten Folie Vorschläge für Werbemaßnahmen machen, die speziell auf den potenziellen Sponsor zugeschnitten sind.

Die folgende Übersicht vermittelt Ihnen ein paar Ideen, wie Sie Ihre Folien hierzu gestalten können.

So können Sie Werbemöglichkeiten für Sponsoren vorstellen:

- Abbildung von für Sponsoren interessante Werbeflächen, die von den Medien verbreitet wurden
- Vorstellung von Werbe- und Promotion-Flächen, die für den jeweiligen Sponsor interessant sein könnten
- Aufzeigen von Werbemöglichkeiten, die dem potenziellen Sponsor individuell zur Verfügung gestellt werden können (zum Beispiel Sonderwerbeformen, Onlinewerbung et cetera)

TIPP

Viele Sponsorsuchende machen mit der Sponsorenpräsentation bereits konkrete Angebote mit Preisen. Diese Informationen gehören nicht in eine Akquisepräsentation und werden dem potenziellen Sponsor erst nach einem persönlichen Gesprächstermin präsentiert!

Kontaktdaten (eine Folie)

Selbstverständlich gehören zu jeder Sponsorenpräsentation auch alle wichtigen Kontaktdaten des Sponsoringansprechpartners. Diese sollten um ein Bild des Ansprechpartners ergänzt werden, damit der potenzielle Sponsor direkt eine persönliche Bezugsperson zum Sponsoringprojekt hat.

KOMPAKT

Inhaltlich besteht eine Sponsorenpräsentation aus einer Titelfolie, einer Projektbeschreibung, Leistungskennzahlen, der Vorstellung von Werbemöglichkeiten und Informationen zum Ansprechpartner.

Versand

Um potenziellen Sponsoren eine Sponsorenpräsentation zur Verfügung zu stellen, gibt es verschiedene Varianten. Eine Präsentation kann ganz klassisch in Papierform, elektronisch per E-Mail als PDF-Dokument oder als Onlinepräsentation verschickt werden.

Gedruckte Sponsorenpräsentation

Grundsätzlich sollte man immer in der Lage sein, eine Präsentation auf dem Postweg zu verschicken. Viele Unternehmen haben die Unterlagen gerne in gedruckter Form vorliegen (wichtig für Besprechungen mit anderen Kollegen!). Hierzu versendet man das Sponsoringanschreiben gemeinsam mit der Sponsoringpräsentation per Post. Dabei ist darauf zu achten, dass die Präsentation, ähnlich wie eine Bewerbung, einen absolut seriösen und professionellen Eindruck macht. Generell gilt das Überzeugungsprinzip »Hochwertige Form vermittelt hochwertige Leistungen«. Eine ansprechende Präsentationsmappe, qualitativ hochwertiges Papier und vor allem ein qualitativ ansprechender Druck sind für nur kleine Details, doch wenn man einen Menschen überzeugen möchte, dann spielen genau diese Details oftmals eine große Rolle.

Vorteile gedruckte Sponsorenpräsentation	Nachteile gedruckte Sponsorenpräsentation
• Sponsorenpräsentation liegt physisch vor und kann in die Hand genommen werden • Von hochwertigen Materialen wird gerne auf hochwertige Leistungspakete geschlossen. Eine gute Haptik, so sagen Experten, fördert den Verkauf • Aufbau einer Hemmschwelle, die Präsentation wegzuwerfen (besonders wenn sie einen hochwertigen Eindruck macht)	• Erstellungskosten und Erstellungsaufwand für Druck und Material • gegebenenfalls hohe Versandkosten

Digitale Präsentation

Sehr viel schneller, einfacher und kostengünstiger ist es, die Sponsorenpräsentation per E-Mail zu verschicken. Die Erstellung der Präsentation erfolgt hierbei ebenfalls über eine Präsentationssoftware wie zum Beispiel PowerPoint. Dort speichert man die Sponsorenpräsentation als PDF-Dokument in einer zum Versand geeigneten Dateigröße (möglichst unter fünf Megabyte) ab.

TIPP

Die Präsentation niemals im Dateiformat der Präsentationssoftware versenden! Es besteht die Gefahr, dass diese Dateiformate bei Unternehmen gesperrt sind oder dass der Sponsoringansprechpartner keine passende Software besitzt, um das Dateiformat zu öffnen.

Da das Versenden von Dateien als Anhang immer wieder Probleme bereiten kann, bietet es sich an, die Sponsorenpräsentation über die eigene Website, dazu geeigneten Social-Media-Plattformen (zum Beispiel Slideshare, Issuu oder ähnlichen) oder Cloud-Dienste (zum Beispiel Dropbox et cetera) zur Verfügung zu stellen. Der Empfänger kann die Präsentation dann über einen Link aufrufen, herunterladen und ansehen.

Vorteile digitale Präsentation	Nachteile digitale Präsentation
• Schneller, kostenloser Versand • Geringe Kosten • Sponsor kann Präsentation einfach an andere weiterleiten • Kann auch online auf Internetplattformen zur Verfügung gestellt werden	• Digitale Sponsorenpräsentation ist mit einem Mausklick gelöscht!

Videopräsentation

In letzter Zeit setzen sich im Internet immer stärker Erklärvideos durch, in denen komplexe Sachverhalte in wenigen Minuten einfach erklärt werden. Auch Sponsorenpräsentationen lassen sich in dieser Form hervorragend aufbereiten. Im Gegensatz zu einer gedruckten Präsentation oder einer Bildschirmpräsentation bietet eine gut gemachte Videopräsentation dem potenziellen Sponsor maximalen Komfort und einen hohen Unterhaltungswert.

Sponsorsuchende mit einem entsprechenden Werbebudget sollten die Möglichkeit eines professionell erstellten Sponsorenvideos in Betracht ziehen. Professionell erstellt transportiert es nicht nur Informationen und Emotionen, sondern ist auch kurzweilig und unterhaltsam. Durch Ton-, Bild- und Textmaterial spricht man mit einem Video zudem deutlich mehr Reize an als nur mit einem Stück Papier oder einer (Online-)Broschüre. Zudem kann mehr Information in kurzer Zeit vermittelt werden.

TIPP **Sponsorenpräsentationen in Form von Erklärvideos sind innovativ, kurzweilig, unterhaltsam und können in kurzer Zeit mehr Informationen an den potenziellen Sponsor übermitteln als herkömmliche Präsentationen.**

Wer kein Budget für ein professionell erstelltes Präsentationsvideo hat, der muss aber nicht zwangsläufig auf eine Videopräsentation verzichten, sondern kann auf die entsprechende Light-Variante zurückgreifen. Mit der entsprechenden Software (zum Beispiel mit Microsoft PowerPoint) lassen sich ebenfalls Präsentationsvideos erstellen. So kann die Präsentation beispielsweise mit einer Sprachmoderation versehen und anschließend in einem Videoformat abgespeichert werden. Das fertige Video kann anschließend auf kostenlosen Videoplattformen (zum Beispiel YouTube) hochgeladen werden, und man muss nur noch den entsprechenden Link an den potenziellen Sponsor verschicken. Dieser muss sich die Präsentation dann nicht mehr durchlesen, sondern kann sich bequem zurücklehnen und sich die Präsentation vorlesen lassen.

Vorteile Videopräsentation	Nachteile Videopräsentation
• Schneller, kostenloser Versand • Bequeme Informationsübermittlung an und für potenzielle Sponsoren • Einfache Auffindbarkeit im Internet (zum Beispiel in Suchmaschinen) • Integration auf Websites möglich	• Know-how zur Erstellung von Videos benötigt • Unter Umständen hohe Produktionskosten • Video kann nicht ausgedruckt werden! Druckbare Präsentation muss zusätzlich mitgeliefert werden! • Nachträgliche Änderungen am Video können sehr aufwendig sein

Checkliste Sponsorenpräsentation

❍ **Für Präsentationsform entschieden? (Empfehlung: PowerPoint-Präsentation)**

- PowerPoint, Keynote et cetera
- Videopräsentation

❍ **Professionelles Layout und Design für Sponsorenpräsentation vorbereitet?**

- Logo integriert?
- Stimmen Farben, Formen und Schriften mit dem Corporate Design überein?

❍ **Richtigen Präsentationsumfang gewählt?**

- PowerPoint: +/– zehn Folien
- Videopräsentation : +/– 90 Sekunden

❍ **Präsentation sauber gegliedert?**

- Titelbild
- Projektvorstellung
- Projekteigenschaften
- Medienpräsenz-/Reichweiteninformationen
- Werbemöglichkeiten
- Ansprechpartner

❍ **Präsentationsdokumente vorbereitet?**

- Gedruckte Präsentation (gebunden)
- E-Mail-Präsentation (zum Beispiel PDF für Versand per E-Mail)
- Onlinepräsentation (zum Beispiel via Slideshare)
- Videopräsentation (zum Beispiel via YouTube)

5.2 Überzeugendes Sponsorenanschreiben

Neben der Sponsorenpräsentation gehört auch das Sponsorenanschreiben zu den wichtigen Sponsoringunterlagen. Allerdings glauben viele Sponsorsuchende, dass der Versand eines Sponsorenanschreibens allein ausreicht, um Sponsoren gewinnen zu können. Daher wird in den meisten Anschreiben mit langen Ausführungen versucht, das Sponsoringprojekt vorzustellen und einen Sponsor von einem Engagement zu überzeugen. Hierbei machen Sponsorsuchende häufig folgende typische Fehler:

- Unprofessionelles Layout
- Anschreiben viel zu lang
- Zu viele und irrelevante Informationen im Anschreiben
- Einbindung von Bildmaterial in einem dafür ungeeigneten Briefformat

Das Ergebnis sind häufig Sponsorenanschreiben wie das folgende Negativbeispiel: Das in der Abbildung dargestellte Anschreiben ist ein original Sponsorenanschreiben für ein Motorsportprojekt. Es wurde in dieser unübersichtlichen und völlig überladenen Form an Sponsoren verschickt.

Inh. den ………………
Tel. Büro FAX
Herr
@gmx.net

Firma ………………
Guten Tag,
sehr geehrte Damen und Herren
vielen Dank für das freundliche Telefonat, wie besprochen unsere Information:
Heute möchten wir uns vorstellen in spezieller Angelegenheit für Marketing in der Motorsportgeschichte

Unsere Partner: -Motorsport **www. .de**
Firma http://www. .de
Langstreckenrenn und 24h
www. .com
ist das -Rennteam in Deutschland
www. .de

weitere Veranstaltungen: ADAC Formel Masters
Motorsport / Sportwagen / Langstrecke
Youngtimer
Formel-3-Euroserie-Europameisterschaft
Formel 1 und DTM ((S.Vettel + R. Schumacher))

Ein neues Projekt: mit , auf der Rennstrecke
Für den Motor-Rennsport::::::::::
Ebenso für die – Rennserie wie folgt;

Zusätzlich versuchen wir eine ( ) Rennserie in Deutschland zu etablieren ! **www. .com**
–Rennserie fährt im Rahmen der
sind Schlauchboot-Katamarane mit Speedechläuchen / Luftkissenkufen)
Vier Meter lang und zwei Meter breit. Das Leergewicht der Boote liegt bei ca. 140 kg mit Motor und kann eine Endgeschwindigkeit je nach Propeller bis zu 100 km/h erreichen.
Anfang der 1980er Jahre wurden die in Südafrika als boote Gebaut, das Potienrial der Katamarane wurde schnell erkannt so wuchs die Rennbooteserie heran.
Seitdem werden Rennen in Südafrika, Großbritannien, Norwegen und auch in Deutschland gefahren.
Für die Saison 2023 haben wir uns große Ziele gesetzt, eine Platzierung pro Top 3 der deutschen Meisterschaft, die erfolgreiche Meisterschaft auf ,sowie Teilnahme an einem internationalen Rennen in .

Des weiteren bieten wir eine Produktionsfirma für Imagefilme mit Aufnahmen (Copter) Produkt- und Präsentationsvideos für ein erfolgreiches Marketing Ihrer Firma an.
Für Image Produkt u. Präsentations – Videos für die Nachbearbeitung stehen uns ein digitales Schnitt- und Compositingsystem zur Verfügung.

((die Produktionsfirma gilt für den Motor-Rennsport sowie für die Rennserie))

Wir suchen somit Sponsoren für die Nachwuchsförderung . ,

Wir als Firma sind bemüht sämtliche Aufgaben zu gestallten und durch verstärktes Marketing zwischen den vermittelten Sponsoren herzu stellen, ebenso auf schnelle Lösungen und auf Ihre Ansprüche , und Ihrer persönlichen Wahl eingehend.

Wir würden uns freuen über ein persönliches Gespräch und einen Termin von Ihnen zu erhalten.

Anhänge zur Information : Bilder

Abbildung 26: Negativbeispiel eines original Sponsorenanschreibens

Stellen Sie sich vor, Sie arbeiten in einem größeren Unternehmen und haben die Aufgabe, nach guten Sponsoringmöglichkeiten Ausschau zu halten, um Ihr Image positiv zu beeinflussen. Hätten Sie Lust, sich mit jemandem auseinanderzusetzen, der sich bereits mit seinem Anschreiben derart unprofessionell präsentiert? Könnten Sie sich vorstellen, ein derartiges Anschreiben Ihrem Chef als tolle Offerte für ein Sponsoring vorzuschlagen? Sicherlich nicht.

Anschreiben wie im oben aufgeführten Beispiel sind in Marketing- und Werbeabteilungen äußerst unbeliebt, denn in diesen Abteilungen leidet man nicht unter Arbeitsmangel. Niemand dort hat Zeit oder Lust, ausufernde Anschreiben zu lesen oder sich damit auseinanderzusetzen.

TIPP

Niemand hat Lust und Zeit, sich lange Sponsorenanschreiben durchzulesen!

Doch was zeichnet ein gutes Anschreiben an Sponsoren aus? Woran kann man sich orientieren? Ein Sponsorenanschreiben kann mit einem Bewerbungsschreiben verglichen werden. Wie ein Bewerbungsschreiben dient das Sponsorenanschreiben lediglich dazu, sich vorzustellen und sein Anliegen kurz vorzutragen. Daher sollte das Anschreiben insgesamt auch maximal eine Seite lang sein. Weiterführende Informationen findet der Leser in den beigefügten Unterlagen. Bei Bewerbungen auf einen Arbeitsplatz sind dies die Bewerbungsmappe mit Lebenslauf, Zeugnissen und Referenzen. Bei Bewerbungen für ein Sponsoring ist das die Sponsorenpräsentation.

Warum das Sponsorenanschreiben kurz und nur in Textform verfasst werden sollte, ergibt sich aus seinem Zweck:

- Der Leser soll in die Lage versetzt werden, den Inhalt des Anschreibens in kürzester Zeit zu erfassen, selbst wenn er es nur querliest oder überfliegt.
- Das Anschreiben soll beim potenziellen Sponsor mit für ihn relevanten Schlüsselbegriffen sofort Interesse am Projekt und der ergänzenden Sponsorenpräsentation wecken.

Das primäre Ziel des Sponsorenanschreibens ist es, Interesse beim potenziellen Sponsor zu wecken und einen ersten guten Eindruck zu hinterlassen, sodass dieser sich die deutlich detailliertere und bebilderte Sponsorenpräsentation ebenfalls durchliest. Ziel des Sponsorenanschreibens ist es, Interesse beim Leser zu wecken und ihn zur Durchsicht der Sponsorenpräsentation zu bewegen!

Anrede
Name
Straße
PLZ Ort

Ansprechpartner: Herr

Telefon:
Telefax:
E-Mail: @gmx.net

Datum: 16. Januar 2023

Betreff: Kooperation

Sehr geehrte/r *Herr/Frau XY*,

vielen Dank für das freundliche Telefonat am XX.XX.XXXX. Wie gewünscht übersende ich Ihnen die angeforderten Informationen bezüglich unseres Kooperationsangebotes zum Thema -Racing.

Der -Rennbootsport entwickelte sich in den 80er-Jahren aus dem Bereich und ist in Südafrika, Australien, Neuseeland, Nordamerika und teilweise auch schon in Nordeuropa eine fest etablierte Größe. Auch der TV-Sender **SKY SPORTS** zeigt bereits Interesse und hat 2022 die Rennen der internationalen -Meisterschaft im Vorfeld seiner Berichterstattung übertragen. Spätestens mit dem Rennen 2022 an der wurden auch die deutschen Medien (unter anderem **Sat 1**, das **Hamburger Abendblatt** etc.) auf die Sportart aufmerksam.

Aktuell arbeiten wir mit der daran, das -Racing als feste Größe im deutschen Rennbootsport zu etablieren. In diesem Zusammenhang möchten wir Ihrem Unternehmen die Möglichkeit geben, sich bereits von Anfang an in dieser jungen, aufstrebenden Sportart zu präsentieren. Damit Sie sich ein genaueres Bild von der Sportart und den Kooperationsmöglichkeiten machen können, finden Sie anbei eine Präsentation, in der unser Projekt kurz und anschaulich erklärt wird.

Falls wir Ihr Interesse am -Racing wecken konnten, dann stellen wir Ihnen unser Projekt im Detail vor.

Wir freuen uns auf Ihre Rückmeldung!

Mit freundlichen Grüßen,

Seite 1 von 1

	Telefon	Sparkasse	Handelsregister
	Telefax	BLZ	Amtsgericht
	E-Mail @gmx.net	Konto	HRB

Abbildung 27: Dasselbe Sponsorenanschreiben aus dem Beispiel oben nach der Überarbeitung: Kurz, übersichtlich, relevant, schnell lesbar

Sponsorenanschreiben erstellen

Als Grundlage für das Sponsorenanschreiben dient die Sponsorenpräsentation. In der Sponsorenpräsentation sind die Informationen zum Sponsoringprojekt bereits sehr stark verkürzt und zusammengefasst. Die Kunst bei der Erstellung eines guten Sponsorenanschreibens besteht nun darin, die Projektinformationen nochmals zu reduzieren und auf einer Seite in Briefform aufzubereiten.

Briefvorlage

Bevor man ein Sponsorenanschreiben verfasst, sollte man zunächst eine geeignete Briefvorlage mit Briefkopf, Kontaktinformationen und Fußzeile erstellen. Brauchbare Vorlagen findet man in vielen Textverarbeitungsprogrammen wie beispielsweise Microsoft Word. Wer ein eigenes Logo besitzt, der kann dieses in den Briefkopf integrieren und so bereits auf den ersten Blick einen ersten professionellen Eindruck beim potenziellen Sponsor hinterlassen (Beispiel siehe Abbildung 28 auf der folgenden Seite).

SSV Reutlingen 1905 Fußball e.V. · An der Kreuzeiche 4 · 72762 Reutlingen

<<Firma>>
<<Vorname>> <<Nachname>>
<<Straße>>
<<PLZ>> <<Ort>>
Land

SSV Reutlingen 1905 Fußball e.V.
An der Kreuzeiche 4
72762 Reutlingen
info@ssv-reutlingen.de
www.ssv-reutlingen.de
Telefon 07121 325996-0
Fax 07121 325996-22

Reutlingen, 20.01.2023

Ihr Kontakt
Max Mustermann
m.muster@ssv-reutlingen.de
Mobil +49 123 456789

Sponsoring-Kooperation
SSV Reutlingen 1905 Fußball e. V.

Sehr geehrte Damen und Herren,

Als ehemaliger Fußball-Zweitligist gilt der SSV Reutlingen als traditionsreichster und bekanntester Fußballverein in der Region Neckar-Alb. Wir spielen mit dem Großteil unserer Leistungsteams (ab der U13) in den höchsten Spielklassen Baden-Württembergs bzw. Deutschlands, unsere U19 sogar in der A-Junioren-Bundesliga.

Neben dem Spielbetrieb veranstaltet die SSV Akademie jedes Jahr Fußballcamps für hunderte sportbegeisterte Kinder. Mit unseren Camps leisten wir einen wichtigen Beitrag für mehr Bewegung und Freude am Sport, sowie ein soziales Miteinander. Zudem fördern wir in der SSV Fußballschule Talente aus der gesamten Region.

Das Aushängeschild beim SSV Reutlingen ist seit Jahrzehnten die erste Herrenmannschaft. Durchschnittlich verfolgen pro Spieltag 800 - 1.000 Zuschauer die Spiele des Teams im Kreuzeichestadion, 100–150 davon in unserem schönen VIP-Bereich.

Neben der umfangreichen Berichterstattung in den klassischen Medien (Tageszeitungen, Internet, Fernsehen, Hörfunk) und über unsere Online-Kanäle (Website, Facebook, Instagram, Twitter, LinkedIn) mit über 20.000 Fans erzielen wir mehr als 34 Millionen Medien-Kontakte pro Saison. Das macht den SSV zu einer der reichweitenstärksten Marketing- und Kommunikations-Plattformen im Landkreis Reutlingen und der Region Reutlingen und Neckar-Alb.

Über 70 Sponsoring-Partner begeistern sich für die Marketing- und Kommunikationsmöglichkeiten des SSV Reutlingen. Mit unserer enormen Reichweite sind wir eine hochinteressante Plattform für emotionale Markenkommunikation. Unsere Partner nutzen den Verein als Plattform für klassisches Sponsoring, Öffentlichkeitsarbeit, Standortmarketing, Mitarbeitermarketing, Employer Branding oder um in Kontakt mit Vertretern aus Wirtschaft, Medien oder Politik zu kommen.

Weitere Informationen zum SSV Reutlingen finden Sie in unseren Sponsoren-Infos im Anhang. Bei weiteren Fragen stehe ich Ihnen jederzeit gerne zur Verfügung.

Ich freue mich auf Ihre Rückmeldung

Herzliche Grüße
Andreas Will
Leiter Sponsoring und Partnerschaften

SSV Reutlingen 1905 Fußball e.V.
Vorstände Yosef Yebio,
Christian Grießer

AmtsG. Stgt. Reg-Nr. VR 351459
St.-Nr. 78043/07001 FA Reutlingen
USt-ID DE276654874

Kreissparkasse Reutlingen
IBAN DE84 6405 0000 0100 0610 73
BIC SOLADES1REU

Abbildung 28: Professionell erstellte Vorlage für ein Sponsorenanschreiben.

Ausdruck und Sprache

Mit einem Sponsorenanschreiben bewegt man sich in der Regel in einem unternehmerischen Geschäftsumfeld. Daher sollte man neben einer tadellosen Rechtschreibung und Grammatik auch auf eine adäquate Ausdrucksweise und einen im jeweiligen Geschäftsfeld üblichen Sprachstil achten. Fehler im Anschreiben lassen auch auf Fehler im Leistungsangebot schließen.

Struktur und Inhalt

Die strukturelle und inhaltliche Gestaltung des Sponsorenanschreibens ist der schwierigste Teil. Man steht nämlich vor der Herausforderung, sich und das Projekt in wenigen Sätzen (maximal zweihundert bis zweihundertfünfzig Worte) vorzustellen und dabei gleichzeitig Interesse beim potenziellen Sponsor zu wecken.

Das Sponsorenanschreiben sollte eine Länge von zweihundert bis zweihundertfünfzig Worten nicht überschreiten. TIPP

Außerdem sollte ein Sponsorenanschreiben immer individuell für den jeweiligen potenziellen Sponsor verfasst und Bezug auf ihn genommen werden! Man sollte niemals der Versuchung erliegen, Serienmailings mit Standardtexten zu verschicken. Solche Massenmailings vermitteln schnell den Eindruck einer geringen Wertschätzung gegenüber dem potenziellen Sponsor und zeigen, dass man sich wenig Mühe gibt, auf den Sponsor einzugehen. Für viele Sponsoringgeber ist bereits das ein K.-o.-Kriterium. Auch hier zeigen sich wieder Parallelen zwischen Sponsorensuche und Bewerbungsanschreiben.

Ansprache

Grundsätzlich sollte man ein Sponsorenanschreiben erst verschicken, nachdem man in seiner Sponsorenansprache vorab mit dem potenziellen Sponsor persönlich oder telefonisch Kontakt aufgenommen hat. Dementsprechend wird im Anschreiben auf das Gespräch im Vorfeld verwiesen und der Ansprechpartner mit Namen angesprochen. Den potenziellen Sponsor im Anschreiben mit »Sehr geehrte Marketing-Abteilung« oder »Sehr geehrte Damen und Herren« anzusprechen, sollte man tunlichst unterlassen. Das zeigt, dass man sich keine Mühe gegeben hat, den richtigen Ansprechpartner ausfindig zu machen. Dadurch wird schnell ein unprofessioneller Eindruck vermittelt, was die Erfolgschancen bei der Sponsorensuche mindert.

TIPP

Sprechen Sie den Ansprechpartner beim Sponsor im Sponsorenanschreiben immer persönlich mit Namen an! Finger weg von unpersönlichen Massenmailings bei der Sponsorenakquise!

Projektvorstellung

Anschließend stellt man sich selbst und sein Sponsoringprojekt mit wenigen Sätzen kurz vor. Der potenzielle Sponsor soll wissen, mit wem er es zu tun hat und worum es bei der Anfrage grob geht. Anschließend müssen die herausragenden Leistungsmerkmale des Projektes (zum Beispiel Medienpräsenz, Reichweite, Zielgruppe et cetera) herausgearbeitet und aufgeführt werden. Diese Leistungsmerkmale sollten den Nerv des potenziellen Sponsors treffen und Begehrlichkeiten bei ihm wecken. Wenn möglich sollte dabei auch Bezug auf die Marketing- beziehungsweise Kommunikationsziele des Unternehmens genommen werden.

Mit dem Verweis auf ausführlichere Informationen in der beigefügten Sponsorenpräsentation soll der potenzielle Sponsor dazu bewegt werden, diese ebenfalls zu lesen. Gelingt dies, hat das Sponsorenanschreiben seinen Zweck erfüllt.

TIPP

Im Sponsorenanschreiben werden die herausragenden Leistungsmerkmale des Sponsoringprojektes mit dem potenziellen Sponsor in Verbindung gebracht und hervorgehoben.

Rückfragen und erneute Ansprache

Am Ende des Anschreibens bietet man sich selbst als Ansprechpartner für weitere Fragen an. Außerdem sollte man eine erneute Kontaktaufnahme zu einem bestimmten Zeitpunkt ankündigen. Hierdurch wird eine gewisse Verbindlichkeit aufgebaut und ein höflicher Anstoß gegeben, sich bis zum genannten Zeitpunkt mit dem angebotenen Sponsoringprojekt zu befassen. Der Termin für die erneute Kontaktaufnahme sollte aber nicht zu kurz gewählt sein. Etwa eine Woche nach Erhalt des Schreibens ist für die meisten Anfragen passend.

TIPP

Bauen Sie im Sponsorenanschreiben durch die Nennung eines Rücksprachetermins Druck auf, der den Sponsoringverantwortlichen dazu bewegt, sich zeitnah mit Ihrer Sponsoringanfrage zu beschäftigen.

Checkliste Sponsorenanschreiben

❍ **Layout und Design:**

- Professionelles Layout und Design für Sponsorenanschreiben vorbereitet?
- Logo integriert?
- Stimmen Farben, Formen und Schriften mit dem Corporate Design überein?
- Schriftgröße richtig gewählt (zum Beispiel Arial 10 bis 12 Punkt)?

❍ **Inhalt**

- Ansprechpartner persönlich mit Namen angesprochen?
- Unternehmensname im Anschreiben erwähnt?
- Herausragende Leistungsmerkmale des Sponsoringprojektes erwähnt (zum Beispiel Medienpräsenz, Reichweite, Zielgruppe et cetera)?
- Rechtschreibung und Grammatik fehlerfrei?
- Anschreiben strukturiert und gut lesbar (zum Beispiel Absätze, Umbrüche)?
- Im Inhalt auf Sponsorenpräsentation verwiesen?
- Macht das Anschreiben Lust darauf, mehr zu erfahren und sich die Sponsorenpräsentation anzuschauen?
- Passende Grußformel am Ende des Anschreibens?

❍ **Umfang**

- Maximal eine DIN-A4-Seite?
- Maximal 200 bis 250 Worte?

Sponsoringakquise

Viele Sponsorsuchende haben eine sehr einfache Vorstellung von einer Sponsorenakquise. In der Praxis sieht das häufig folgendermaßen aus:

1. Es wird entweder ein langes unübersichtliches Anschreiben oder nur ein Vierzeiler verfasst, in dem das angeschriebene Unternehmen um Geld angebettelt wird. In beiden Fällen wird typischerweise nicht klar herausgestellt, was man anzubieten hat.
2. Dieses Standardanschreiben wird per Massenmail an möglichst viele und große Unternehmen geschickt (vornehmlich an solche, die viel Sponsoring betreiben).
3. Es wird auf einen dicken Geldregen gewartet.

Wer denkt, mit einer derart wenig empfängerorientierten Sponsorensuche Erfolg versprechend unterwegs zu sein, der liegt falsch. Wer denkt, dass Sponsorensuche gleichzusetzen ist mit dem Versenden von Anschreiben, der irrt ebenso. Zu einer erfolgreichen Sponsorenakquise gehört mehr. Auch die Akquise von Sponsoren ist ein Prozess, der ähnlich systematisch aufgebaut werden sollte wie die Neukundengewinnung erfolgreicher Unternehmen. Es gilt nicht, auf Glück und Zufall zu hoffen, sondern ein Vorgehen zu wählen, das die Chancen auf Erfolg nachhaltig erhöht. Eine professionelle Sponsorenakquise erfordert viel Mühe, Zeit und Geduld. Mit dem Versenden eines Sponsorenanschreibens ist es nicht getan!

6.1 Erfolgsfaktoren Sponsorenakquise

Der Erfolg einer Sponsorenakquise hat zwei ganz zentrale Komponenten:

- Qualität des Sponsoringprojektes (Zielgruppe, Reichweite, Image, Sponsoringkonzept, Sponsoringunterlagen)
- Qualität des Vertriebs

Sponsoringprojekt

In den Kapiteln *Sponsoringgrundlagen*, *Sponsoringkonzept* und *Sponsoringunterlagen* wurde bereits eingehend auf die Erfolgsfaktoren von Sponsoringprojekten eingegangen. Hier alle Projekterfolgsfaktoren nochmals in der Übersicht:

Sponsoringgrundlagen	Sponsoringkonzept	Sponsoringunterlagen
Sponsoringreichweite Sponsoringimage Sponsoringzielgruppe	Sponsorenintegration Sponsoringpakete Sponsorenstruktur Sponsoring-erfolgskontrolle	Sponsorenanschreiben Sponsorenpräsentation

Diese Projektfaktoren bilden die Grundlage für ein Sponsoringprojekt, sind aber kein Garant dafür, dass die Sponsorenakquise erfolgreich verlaufen wird. Mindestens fünfzig Prozent des Erfolges bei der Sponsorengewinnung hängen von den Menschen ab, die ganz konkret potenzielle Sponsoren ansprechen und sich um den Verkauf der erarbeiteten Sponsoringpakete bemühen. Ganz ähnlich wie in den meisten Unternehmen gilt auch für die Sponsorensuche: Ohne guten Verkauf beziehungsweise Vertrieb, kein Verkaufserfolg.

Sponsoringvertrieb

Wer sein Sponsoringprojekt erfolgreich an Sponsoren verkaufen möchte, der muss dafür sorgen, dass auch der Sponsoringvertrieb professionell organisiert ist. Der Erfolg einer Sponsorenakquise hängt in hohen Maß von der Vertriebsorganisation und dem Vertriebspersonal ab. Hierbei spielen die folgenden Vertriebsfaktoren eine wichtige Rolle:

Sponsorendatenbank: Datenqualität der für die Sponsorenakquise aufbereiteten Kontakt- und Gesprächsinformationen.

Sponsorenauswahl: Qualität der für die Akquise ausgewählten, potenziellen Sponsoren.

Sponsorenansprache: Fähigkeit des Vertriebs, möglichst viele potenzielle Sponsoren qualifiziert anzusprechen, Sponsorentermine zu vereinbaren und Sponsoringverträge abzuschließen.

6.2 Sponsorendatenbank

Im Rahmen einer Sponsorenakquise verbringt man viel Zeit damit, Gespräche mit potenziellen Sponsoren zu führen. Hierbei fällt haufenweise Datenmaterial (Kontaktdaten, Telefonnummern, E-Mail-Adressen, Gesprächsinformationen et cetera) an, welches irgendwie aufbereitet, organisiert, strukturiert und archiviert werden sollte. Daher ist eine gut strukturierte Sponsorendatenbank das Herzstück einer jeden professionell durchgeführten Sponsorenakquise. Im Prinzip geht es darum, eine Kundendatenbank für Abnehmer von Sponsoringleistungen aufzubauen. Diese sollte neben Kontaktdaten vor allem auch eine Gesprächshistorie bieten und mit qualitativen Informationen angereichert sein. Andernfalls versinkt man schnell im Chaos. Außerdem hilft die Auswertung des gesammelten Datenmaterials später dabei, die Sponsorenakquise zu kontrollieren und optimieren.

Früher wurden Sponsorendatenbanken gerne in Form von einfachen Listen in Tabellenkalkulationsprogrammen (zum Beispiel Excel) erstellt und geführt. Dieses Vorgehen entspricht aber längst nicht mehr dem Stand der Zeit. Die alten Akquiselisten werden mehr und mehr von professionellen, computergestützten und internetbasierten Datenbanksystemen, sogenannten CRM-Systemen (CRM = Customer-Relationship-Management), abgelöst. So lässt sich heute die Sponsorenakquise deutlich effizienter und effektiver gestalten. Besonders Vereinen und Einrichtungen, die immer wieder Sponsoren ansprechen möchten, kann ich nur empfehlen, moderne Möglichkeiten zu nutzen. Denn so entsteht mit der Zeit eine Datenbasis von unschätzbarem Wert, die immer verfügbar ist und von mehreren Personen gleichzeitig genutzt werden kann.

Eine professionell erstellte und ordentlich gepflegte Sponsorendatenbank ist das A und O einer erfolgreichen Sponsorenakquise! TIPP

6.3 CRM-Systeme als Sponsorendatenbank

CRM-Systeme sind speziell für Marketing- und Vertriebszwecke entwickelte Softwareprogramme. Mit ihnen werden Kunden- und Akquisedaten (Kontaktdaten, Termine, Gesprächsinformationen et cetera) strukturiert erfasst, dokumentiert und ausgewertet.

Vorteile von Online-CRM-Systemen

Während die meisten CRM-Systeme ursprünglich plattformabhängig waren und nur von bestimmten Computerarbeitsplätzen aus bedient werden konnten, gibt es heute immer mehr online-basierte CRM-Systeme. Der Einsatz solch moderner Systeme hat einige unschlagbare Vorteile gegenüber einer Akquiseliste in Form einer Tabellenkalkulation oder eines plattformabhängigen CRM-Systems:

Plattformunabhängig: Zugriff an jedem Arbeitsplatz mit Internetzugang.

Arbeitsteilung: Gleichzeitige Nutzung durch mehrere Nutzer möglich.

Wissensdatenbank: Dokumentation und Archivierung von Kontaktdaten, Gesprächsnotizen, E-Mails und Dokumenten.

Controlling: Kontrolle der Akquiseaktivitäten auf einen Blick.

Kostenersparnis: Einsparung von Zeit- und Personalressourcen durch Verbesserung der Akquiseprozesse, verbesserte Abstimmungsprozesse, Arbeitsteilung, Informationsbeschaffung, Controlling et cetera.

Der Einsatz eines CRM-Systems bei der Sponsorenakquise macht diese insgesamt deutlich effizienter und effektiver.

6.4 CRM-Systeme in der Sponsoringpraxis

Bevor man ein CRM-System zur Sponsorenakquise einsetzt, muss allen Beteiligten eines absolut klar sein: Eine Datenbank ist immer nur so gut, wie die Daten, die in ihr gepflegt werden! Das professionellste CRM-System bringt nichts ohne einen absolut sauberen Datenbestand. Wer nicht willens oder in der Lage ist, seinen Datenbestand ordentlich zu pflegen, der braucht auch kein CRM-System. Er kann dann aber auch nicht von dessen Vorteilen profitieren.

Der praktische Umgang mit einem CRM-System ist nicht schwierig und kann von jedermann schnell erlernt werden. Wer die Pflege eines CRM-Systems einmal in der Praxis ausprobieren möchte, der kann dies zum Beispiel mit dem kostenlosen CRM-System von Hubspot testen. Hierzu muss man sich lediglich unter *www.hubspot.de* registrieren und kann anschließend über *https://app.hubspot.com* auf das CRM-System zugreifen.

TIPP

Das Unternehmen Hubspot bietet ein kostenloses CRM-System an, welches für die Sponsorenakquise genutzt werden kann.

Datenpflege

Um ein CRM-System sinnvoll nutzen zu können, müssen zunächst einmal Daten eingepflegt werden. Hierbei handelt es sich um Unternehmens-, Kontakt-, Auftrags-, und Kommunikationsdaten.

Unternehmen anlegen

Zunächst müssen die potenziellen Sponsoren (siehe dazu mein Beitrag Sponsorenauswahl) im CRM-System angelegt werden. Hierbei werden mindestens folgende Daten erfasst:

- Unternehmensname
- Branche
- Anschrift
- Internetadresse
- Telefonnummer
- Kurzbeschreibung des Unternehmens

Kontakte anlegen

Im zweiten Schritt werden der oder die für das Thema Sponsoring verantwortlichen Mitarbeiter angelegt. Hierbei sollten mindestens folgende Daten erfasst werden:

- Vorname
- Name
- E-Mail-Adresse
- Position (z. B. Entscheider, Mitarbeiter o. Ä.)
- Jobbezeichnung

Anschließend wird der Mitarbeiter mit dem dazugehörigen Unternehmen im CRM-System verknüpft, so dass man immer einen Überblick darüber hat, welcher Mitarbeiter zu welchem Unternehmen gehört.

Aufträge anlegen

Im dritten Schritt wird ein Auftrag (= Sponsoring-Deal) im CRM-System angelegt. Hierbei werden folgende Daten erfasst:

- Auftragsbezeichnung
- Auftragsquelle (zum Beispiel Telefonakquise, E-Mailing et cetera)
- Auftragsvolumen (= Sponsoringbetrag)

- Auftragsstatus (und Abschlusswahrscheinlichkeit)
- Geplanter Abschlusstermin

Jeder Auftrag (= potenzieller Sponsoring-Deal) wird anschließend über das CRM-System mit dem dazugehörigen Unternehmen und den beteiligten Mitarbeitern verknüpft.

Hat man alle Daten hinterlegt, dann bekommt man mit einem CRM-System eine wunderbare Auftrags und Offertenübersicht. Dort findet man auf einen Blick Informationen darüber, welcher Auftrag zu welchem Unternehmen gehört, wie hoch der geplante Sponsoringbetrag ist, in welchem Verhandlungsstatus man sich befindet und bis wann der Sponsoring-Deal wahrscheinlich abgeschlossen sein kann.

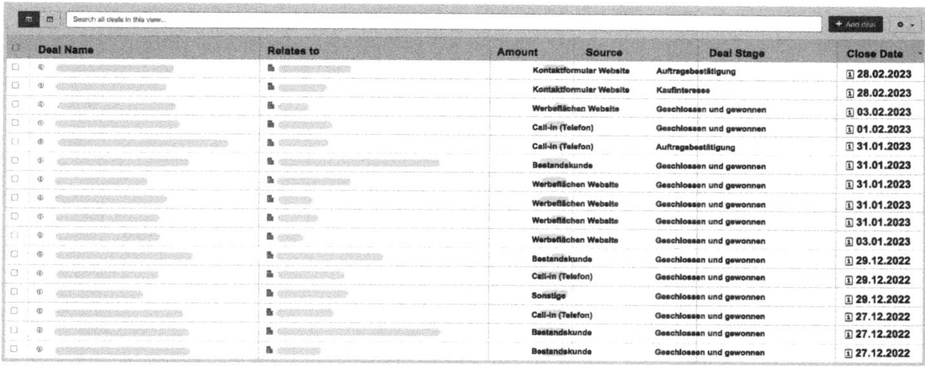

Search all deals in this view...

+ Add deal

Deal Name	Relates to	Amount	Source	Deal Stage	Close Date
			Kontaktformular Website	Auftragsbestätigung	28.02.2023
			Kontaktformular Website	Kaufinteresse	28.02.2023
			Werbeflächen Website	Geschlossen und gewonnen	03.02.2023
			Call-in (Telefon)	Geschlossen und gewonnen	01.02.2023
			Call-in (Telefon)	Auftragsbestätigung	31.01.2023
			Bestandskunde	Geschlossen und gewonnen	31.01.2023
			Werbeflächen Website	Geschlossen und gewonnen	31.01.2023
			Werbeflächen Website	Geschlossen und gewonnen	31.01.2023
			Werbeflächen Website	Geschlossen und gewonnen	31.01.2023
			Werbeflächen Website	Geschlossen und gewonnen	03.01.2023
			Bestandskunde	Geschlossen und gewonnen	29.12.2022
			Call-in (Telefon)	Geschlossen und gewonnen	29.12.2022
			Sonstige	Geschlossen und gewonnen	29.12.2022
			Call-in (Telefon)	Geschlossen und gewonnen	27.12.2022
			Bestandskunde	Geschlossen und gewonnen	27.12.2022
			Bestandskunde	Geschlossen und gewonnen	27.12.2022

Abbildung 29: Beispiel für eine Auftragsübersicht im CRM-System von Hubspot

Kommunikationsdaten hinterlegen

Natürlich findet im Rahmen einer Sponsorenakquise auch jede Menge Kommunikation, vor allem per Telefon und E-Mail, statt. Diese Kommunikationsdaten sollten ebenfalls im CRM-System festgehalten werden und runden die Datenerfassung ab. Die hinterlegten Kommunikationsdaten sind dabei ganz besonders wertvoll. Jeder Benutzer mit Zugriff auf diese Kommunikationsdaten kann diese abrufen und hat jederzeit sofort einen Überblick über den aktuellen Status der Sponsorenakquise.

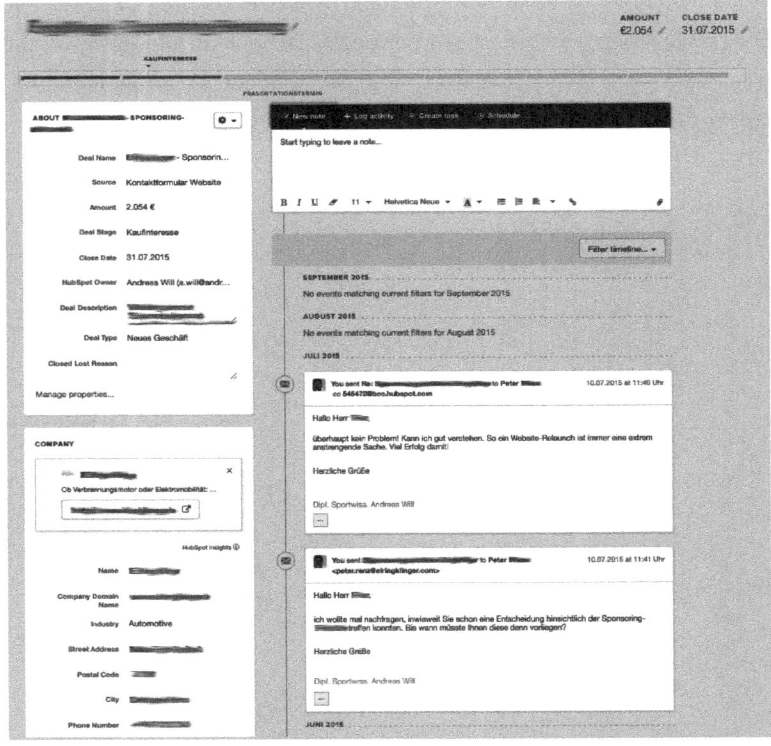

Abbildung 30: Beispiel für die Dokumentation der Auftragskommunikation im Rahmen einer Sponsorenakquise mit dem Hubspot-CRM-System

Akquiseerfolg mit CRM-Systemen kontrollieren

Ein CRM-System ist immer auch ein Kontrollsystem für die Verkaufsaktivitäten der für den Vertrieb verantwortlichen Personen bei der Sponsorenakquise und bietet die entsprechenden Auswertungsmöglichkeiten dafür. Die drei wichtigsten Fragen, die hierbei beantwortet werden müssen, sind:

Wie aktiv ist der Vertrieb beziehungsweise ein Vertriebsmitarbeiter?

- Wie viele Anrufe wurden gemacht?
- Wie viele E-Mails wurden verschickt?
- Wie viele Termine wurden vereinbart?
- Wie viele Aufgaben wurden abgeschlossen?
- Wie viele neue Sponsoringkontakte wurden generiert?
- Wie viele Akquisekontakte wurden generiert?
- Wie viele potenzielle Sponsoring-Deals wurden angelegt?
- Wie viele Sponsoring-Deals wurden abgeschlossen?

Wie sieht das Einnahmepotenzial aus?

- Welche Einnahmen sind zu erwarten?
- Welche Einnahmen wurden bereits generiert?

Werden die Akquisedaten sauber in einem professionellen CRM-System gepflegt, dann kann man diese Fragen sofort beantworten und hat Vertriebsaktivitäten und Einnahmepotenzial immer auf einen Blick parat.

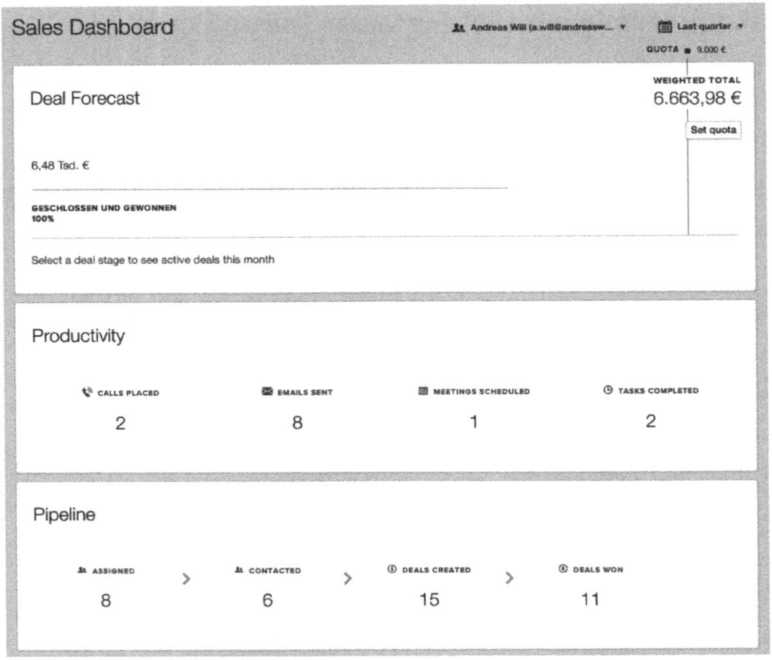

Sales Dashboard

Andreas Will (a.will@andreasw... | Last quarter
QUOTA 9.000 €

Deal Forecast

WEIGHTED TOTAL
6.663,98 €
Set quota

6,48 Tsd. €

GESCHLOSSEN UND GEWONNEN
100%

Select a deal stage to see active deals this month

Productivity

CALLS PLACED	EMAILS SENT	MEETINGS SCHEDULED	TASKS COMPLETED
2	8	1	2

Pipeline

ASSIGNED	CONTACTED	DEALS CREATED	DEALS WON
8	6	15	11

Abbildung 31: Auswertung der Vertriebsaktivität bei einer Sponsorenakquise mithilfe des Hubspot-CRM-Systems

Durch eine dauerhafte und vor allem saubere Datenpflege wird man im Zeitverlauf der Sponsorenakquise auch ein Gefühl dafür bekommen, wie hoch die Kontaktquantität (Anzahl Kontakte, Anzahl Telefonate, Anzahl Termine) sein muss, um einen Sponsoringvertrag und damit Sponsoringeinnahmen zu generieren. Dies lässt sich sehr schön anhand des Akquisetrichters oder der Akquisepipeline visualisieren.

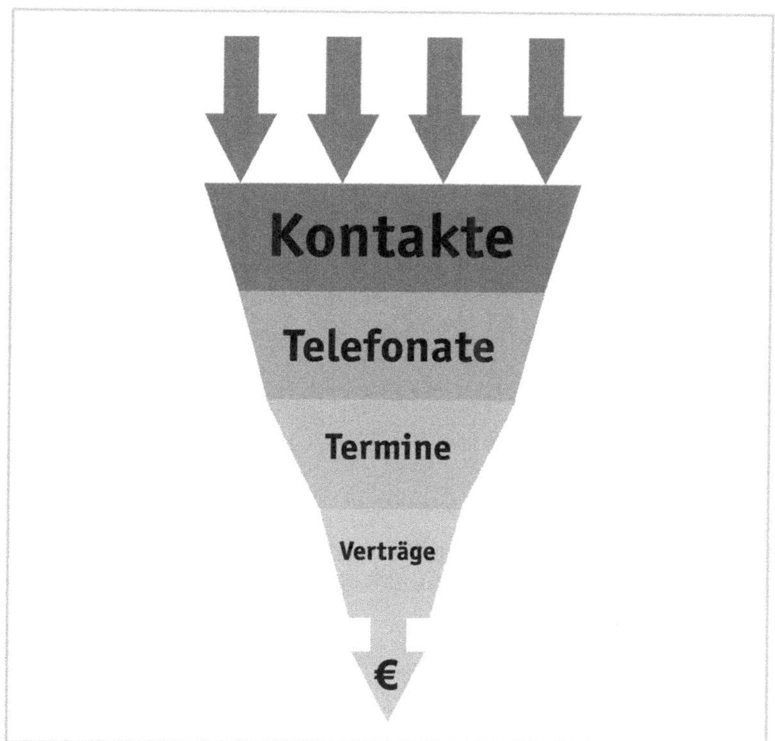

Abbildung 32: Akquisetrichter: Je mehr man ihn von oben befüllt, desto mehr kommt unten dabei heraus

TIPP

Wer eine professionelle Sponsorenakquise betreiben und immer einen Überblick über den aktuellen Akquisestatus haben möchte, dem ist der Einsatz eines professionellen CRM-Systems sehr zu empfehlen. Ein CRM-System kann hervorragend zur Kontrolle und Optimierung des Akquiseerfolgs genutzt werden.

Checkliste Sponsorendatenbank

Datenbankinformationen

❍ Datenbank für Sponsorenakquise ausgewählt (Empfehlung: onlinebasiertes CRM-System)?

❍ **Können in der Datenbank alle wichtigen Unternehmensdaten gepflegt werden?**

- Unternehmensname
- Branche
- Anschrift
- Internetadresse
- Telefonnummer
- Kurzbeschreibung des Unternehmens

❍ **Können in der Datenbank alle wichtigen Kontaktdaten der Unternehmenskontakte gepflegt werden?**

- Vorname
- Name
- E-Mail-Adresse
- Telefonnummer
- Position (zum Beispiel Entscheider oder Mitarbeiter)
- Jobbezeichnung

❍ Können die Unternehmenskontakte sinnvoll mit dem jeweiligen Unternehmen verknüpft werden?

❍ **Können in der Datenbank alle wichtigen Kontaktdaten zum (potenziellen) Sponsoringauftrag hinterlegt werden?**

- Auftragsbezeichnung
- Auftragsquelle (zum Beispiel Telefonakquise, E-Mailing et cetera)
- Auftragsvolumen (= Sponsoringbetrag)
- Auftragsstatus (und Abschlusswahrscheinlichkeit)
- Geplanter Abschlusstermin

❍ Können die Unternehmen sinnvoll mit dem jeweiligen Sponsoringauftrag verknüpft werden?

- ❍ Können die Unternehmenskontakte sinnvoll mit dem jeweiligen Sponsoringauftrag verknüpft werden?
- ❍ **Können in der Sponsorendatenbank Kommunikationsdaten hinterlegt werden?**
  - Gesprächsnotizen
  - E-Mails
  - Dokumente

Vertriebsaktivitäten

- ❍ **Können die Vertriebsaktivitäten mithilfe der Sponsorendatenbank erfasst und kontrolliert werden?**
  - Anzahl Anrufe?
  - Anzahl verschickte E-Mails?
  - Anzahl vereinbarte Termine?
  - Anzahl erledigte Aufgaben?
  - Anzahl neu generierte Akquisekontakte?
  - Anzahl getätigte Akquisekontakte?
  - Anzahl angelegte Sponsoring-Deals?
  - Anzahl abgeschlossene Sponsoring-Deals?

Vertriebserfolg

- ❍ Welche Einnahmen sind aus den angelegten Sponsoring-Deals zu erwarten?
- ❍ Wie viele Einnahmen konnte man durch abgeschlossene Sponsoring-Deals generieren?

6.5 Sponsorenauswahl

Wenn eine Sponsorendatenbank angelegt und mit potenziellen Ansprechpartnern gefüllt wurde, kann auch mit der Auswahl geeigneter Sponsoringpartner begonnen werden. Hierbei geht es in erster Linie darum, potenzielle Sponsoren richtig auszuwählen, um die Erfolgschancen der Akquise zu steigern.

Sponsoringpartner auswählen

Im nicht-professionellen Umfeld geben sich Sponsorsuchende bei der Sponsorensuche typischerweise wenig bis gar keine Mühe. Sie gehen gerne nach dem Motto »Viel hilft viel« vor und verschicken massenweise Sponsoringanfragen an so viele Unternehmen wie möglich. Dabei wird weder vorab geprüft, ob das Projekt zum jeweiligen Unternehmen passt, noch ob es für das Unternehmen relevant sein könnte.

Diese Anfragenflut landet bei Marketingmitarbeitern in Unternehmen, die ihre kostbare Arbeitszeit mit der Bearbeitung unzähliger und größtenteils irrelevanter Sponsoringanfragen verschwenden müssen. Solche Sponsoringanfragen sind ein großes Ärgernis für Unternehmen. Sie verschwenden Personalressourcen und sind dementsprechend unbeliebt.

Wer bei der Recherche potenzieller Sponsoren gezielt und strukturiert vorgeht und sich etwas Mühe gibt, der hat die Chance, von den potenziellen Sponsoren als relevant wahrgenommen zu werden und steigert so seine Erfolgschancen für einen erfolgreichen Abschluss mit einem Sponsor. Allerdings muss man sich dazu vorab Gedanken zu den Marketingzielen des potenziellen Sponsoringpartners machen. Ein Sponsoringprojekt macht für einen Sponsor nämlich nur dann Sinn, wenn es in der Lage ist, dessen Marketingziele zu unterstützen.

Irrelevante Sponsoringanfragen sind bei Unternehmen sehr unbeliebt! Relevante Sponsoringanfragen sind bei Unternehmen willkommen! TIPP

Sponsorenrecherche

Bei der Recherche potenziell geeigneter Sponsoringpartner sollte nicht nur auf eine thematische, sondern auch auf die inhaltliche Relevanz geachtet werden. Hierbei spielen Themen wie Zielgruppe, Reichweite, Einzugsgebiet et cetera eine wichtige Rolle.

Beispiel: Relevanz bringt Erfolg

Es ist wenig Erfolg versprechend, einen international ausgerichteten Großkonzern mit Standort Hamburg für das Sponsoring eines lokal/regional ausgerichteten Events in Ravensburg anzusprechen.

Um potenzielle Sponsoren passgenau auszuwählen, muss man die Überschneidungspunkte zwischen Sponsorsuchendem und potenziellem Sponsor identifizieren. Je höher die Schnittmenge, desto besser passen beide Seiten zusammen.

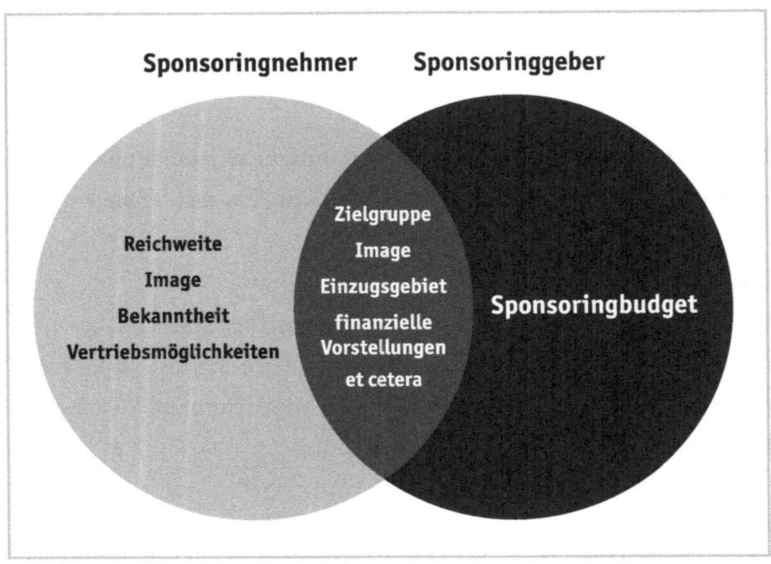

Abbildung 33: Sponsorenauswahl: Sponsoringnehmer und Sponsoringgeber müssen Überschneidungspunkte haben. Je höher die Schnittmenge, desto besser passen beide Seiten zusammen

Wer sich den Frust vieler Absagen ersparen und stattdessen seine Erfolgschancen bei potenziellen Sponsoren erhöhen möchte, der sollte für sich selbst bei jedem potenziellen Sponsor folgende Fragen stellen und beantworten:

Zielgruppe: Kann ich mit meinem Sponsoringprojekt die richtige Sponsoringzielgruppe für den potenziellen Sponsor ansprechen?

Reichweite: Kann ich mit meinem Sponsoringprojekt eine relevante Sponsoringreichweite für den potenziellen Sponsor anbieten?

Image: Passt mein Sponsoringimage zum Sponsor?

Integration: Ist es möglich, den Sponsor in mein Sponsoringprojekt zu integrieren (Stichwort: Sponsorenintegration)?

Leistung: Kann ich dem potenziellen Sponsor interessante Sponsoringleistung anbieten (Werbemöglichkeiten, Bartering-Deals et cetera)?

Hat man die potenziellen Sponsoringpartner sorgfältig recherchiert und die oben genannten Fragen **alle** mit **Ja** beantwortet, dann erfasst und dokumentiert man diese in einer dafür geeigneten Sponsorendatenbank. Nur wenn das Sponsoringprojekt gut zum potenziellen Sponsor passt, hat man die Chance, diesen für sich zu gewinnen.

Checkliste Sponsorenauswahl

- ❍ **Passt das Sponsoringprojekt zum potenziell ausgewählten Sponsor?**
  - Zielgruppe?
  - Reichweite?
  - Image?
  - Gesamtumfeld?
- ❍ Wurden alle wichtigen Informationen über den potenziellen Sponsor zusammengetragen? Können die vorausgewählten potenziellen Sponsoren gut in das Sponsoringprojekt integriert werden?
- ❍ Wurden alle wichtigen Informationen über den potenziellen Sponsor zusammengetragen? Können den ausgewählten potenziellen Sponsoren interessante Werbe- beziehungsweise Vertriebsmöglichkeiten angeboten werden?

6.6 Sponsorenansprache

Sobald eine Auswahl geeigneter potenzieller Sponsoren getroffen wurde und diese in der Sponsorendatenbank erfasst sind, kann die eigentliche Sponsorenakquise beginnen. Der Erstkontakt zu einem potenziellen Sponsor kann zwar schriftlich, persönlich oder telefonisch erfolgen, von der Möglichkeit der rein schriftlichen Erstansprache sollte man aber absehen. Unangekündigte Sponsoringanfragen werden von Unternehmen fast nie beantwortet. Die erste Kontaktaufnahme sollte daher grundsätzlich in Form eines persönlichen Gesprächs (direkt oder per Telefon) erfolgen.

Wer über ein großes persönliches Netzwerk zu Unternehmensentscheidern verfügt, der kann und sollte diese persönlich bei einem geeigneten Anlass auf ein Sponsoring ansprechen. Mit einer bekannten Person (einem sogenannten warmen Kontakt) ins Gespräch zu kommen, ist deutlich einfacher, als eine unbekannte Person (kalter Kontakt) anzusprechen. Schließlich kauft man lieber von Menschen, die man kennt, als von Unbekannten. Bekanntheit führt automatisch zu einer höheren wahrgenommenen Sympathie und damit zu besseren Verkaufschancen.

TIPP

Schöpfen Sie im Rahmen Ihrer Sponsorenansprache zunächst alle persönlichen Kontakte zu potenziellen Sponsoren aus, bevor Sie in die Telefonkaltakquise einsteigen!

Allerdings sind die persönlichen Kontakte meist schnell abgearbeitet und fast immer ist man bei der Sponsorensuche darauf angewiesen, neue Kontakte zu knüpfen. Spätestens an dieser Stelle kommt man kaum um den Griff zum Telefonhörer und die Telefonkaltakquise herum.

Telefonakquise

Eine Telefonkaltakquise ist eine sehr zähe, mühselige und zuweilen auch frustrierende Angelegenheit, die den meisten Sponsorsuchenden wenig Spaß macht. Ziel der Sponsorenakquise per Telefon ist es, die vorbereiteten Sponsoringunterlagen beim richtigen Ansprechpartner zu platzieren und diesen von einem persönlichen Gesprächstermin zu überzeugen. Hierfür sind in der Regel mehrere Telefonate nötig.

Erstes Telefonat

Wann immer möglich sollte das Sponsoringangebot direkt bei einer Person mit Entscheidungskompetenz platziert werden. Hat man deren Namen und Durchwahl nicht, wählt man die Zentralnummer und lässt sich zum für Sponsoring verantwortlichen Mitarbeiter durchstellen.

Leider kommt es bei der Telefonakquise regelmäßig vor, dass man nicht direkt bei der für Sponsoring verantwortlichen Person landet oder zu ihr durchgestellt wird. In diesem Fall muss man sich mit der Assistenz zufriedengeben. Hierbei ist es wichtig, dass so viele Informationen wie möglich über den Sponsoringverantwortlichen ermittelt werden, wie zum Beispiel Anrede, Name, Vorname, E-Mail-Adresse, Durchwahl, Erreichbarkeit et cetera. Besteht die Möglichkeit, den Sponsoringentscheider zu einem späteren Zeitpunkt direkt zu erreichen, sollte man von dieser Möglichkeit Gebrauch machen. Andernfalls muss man das Sponsoringangebot an die Assistenz senden und um freundliche Weiterleitung bitten.

TIPP

Sammeln Sie so viele Informationen über den Sponsoringverantwortlichen wie möglich und notieren Sie alles in Ihrer Sponsorendatenbank.

Hat man sich zum jeweiligen Ansprechpartner durchgearbeitet, geht es im zweiten Schritt darum, sein Anliegen kurz vorzutragen. Und kurz bedeutet auch kurz. Denn es geht noch nicht darum, eine Zusage zum Sponsoring zu erhalten, sondern zunächst die Erlaubnis zu erhalten, dem Entscheider die Sponsoringunterlagen zusenden zu dürfen. Die wenigsten Menschen sind bereit, am Telefon sofort eine Zusage zu machen. Es ist daher viel Erfolg versprechender, zunächst nur Interesse zu wecken und abzuklären, inwieweit das eigene Angebot die Zielgruppen des Unternehmens erreichen kann. Ziel des ersten Telefonates ist, die Sponsoringunterlagen beim potenziellen Sponsor zu platzieren.

Bekommt man die Erlaubnis zum Versand seiner Sponsoringunterlagen, notiert man sich die Versandadresse (E-Mail-Adresse oder Postfach). Anschließend verschickt man die Sponsoringunterlagen unter Bezugnahme auf das Telefongespräch in der gewünschten Form (postalisch oder digital). Wichtig dabei ist, dass man im Anschreiben den Gesprächspartner und/oder die für Sponsoring verantwortliche Person erwähnt, um einen persönlichen Bezug herzustellen (siehe Kapitel *Überzeugendes Sponsorenanschreiben, Seite 116*). Anschließend gibt man dem Gesprächspartner circa eine Woche Zeit für eine Rückmeldung und kündigt ein erneutes Telefongespräch an, um eine schnelle Bearbeitung der Anfrage zu forcieren.

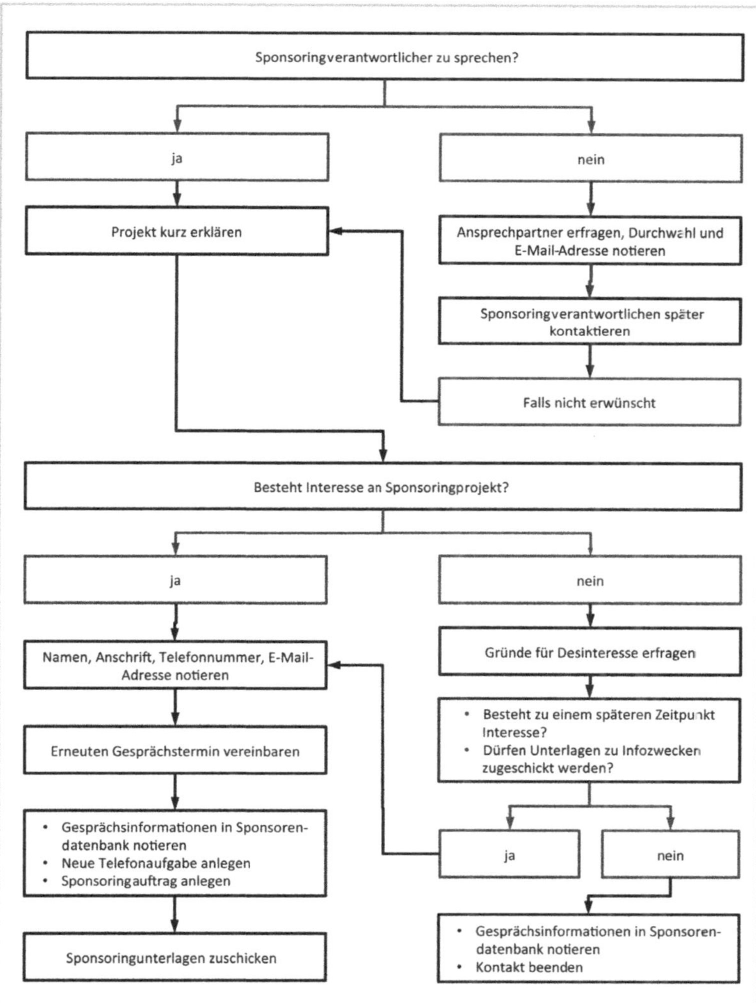

Abbildung 34: Leitfaden Ablauf Telefonkaltakquise (1. Telefonat)

Telefonisches Nachfassen

Hat man die Sponsoringunterlagen bei einem potenziellen Sponsor platziert, sollte man nicht darauf warten, dass sich dieser selbstständig zurückmeldet. So etwas passiert höchst selten. Wenn man innerhalb des vereinbarten Zeitraumes keine Rückmeldung erhalten hat, kontaktiert man seinen Ansprechpartner erneut.

TIPP

Warten Sie nicht auf den Rückruf des potenziellen Sponsors, sondern greifen Sie selbst wieder zum Telefonhörer, wenn Sie nach dem vereinbarten Zeitraum noch keine Rückmeldung erhalten haben!

Beim zweiten Telefonat geht es darum, herauszufinden, ob der Gesprächspartner die Unterlagen bereits eingesehen hat, ob er grundsätzlich Interesse am Sponsoringprojekt hat oder weiterer Informationsbedarf besteht. Ziel ist die Vereinbarung eines persönlichen Gesprächs oder sogar eines Präsentationstermins.

Beim telefonischen Nachfassen trifft man meistens auf folgende Szenarien:

Keine Unterlagen erhalten

Es kommt relativ häufig vor, dass Sponsoringunterlagen nicht beim Ansprechpartner angekommen sind. Oft werden sie nicht weitergeleitet, landen im Spamordner oder gehen in der Post verloren. In einem solchen Fall muss man die Unterlagen erneut zusenden und gibt dem Ansprechpartner nochmals sieben Tage Zeit, die Unterlagen einzusehen und sich bei Ihnen zu melden. Ansonsten ruft man wie gehabt selbst noch einmal an.

Unterlagen nicht durchgesehen

In vielen Fällen hat die Durchsicht eingereichter Sponsoringunterlagen in Unternehmen eine geringe Priorität. Darum wird man beim telefonischen Nachfassen häufig die Antwort bekommen, dass der Ansprechpartner noch keine Zeit hatte, die Unterlagen durchzusehen. In diesem Fall sollte man ihm etwas mehr Zeit einräumen und fragen, bis wann man sich wieder melden darf. Zum vereinbarten Zeitpunkt ruft man dann nochmals an.

Hat der Sponsoringverantwortliche die Unterlagen auch beim vereinbarten dritten Telefonat nicht gesichtet, dann kann man von einem mangelnden Interesse ausgehen. In diesem Fall bittet man seinen Ansprechpartner darum, sich nach Durchsicht der Unterlagen selbstständig zu melden. Natürlich kann man auch erneut einen Telefontermin für ein Feedbackgespräch vereinbaren. Hat man aber den Eindruck, dass sich der Ansprechpartner wenig für das Sponsoringangebot interessiert, dann ist es sicherlich sinnvoller, seine knappe und wertvolle Akquisezeit anderweitig zu verwenden.

Verschwenden Sie Ihre wertvolle Akquisezeit nicht mit zu vielen Folgetelefonaten, wenn Sie das Gefühl haben, dass man sich nicht wirklich für Ihr Sponsoringprojekt interessiert. TIPP

Interesse am Sponsoringprojekt

Zeigt der Ansprechpartner beim Folgetelefonat Interesse am Projekt, dann besteht das nächste Ziel darin, einen Gesprächs- oder Präsentationstermin beim potenziellen Sponsor zu bekommen. Mit dem Sponsorentermin hat man nach der Platzierung der Sponsoringunterlagen das zweite Ziel bei der Sponsorenansprache erreicht. Bekommt man einen

Präsentationstermin, dann stehen die Chancen auf einen erfolgreichen Abschluss mit dem Sponsor bereits sehr gut.

TIPP

Wenn Sie das Gefühl haben, dass Interesse an Ihrem Sponsoringprojekt besteht, dann setzen Sie alles daran, zeitnah einen persönlichen Gesprächstermin zu bekommen.

Kein Interesse am Sponsoringprojekt

Hat der Ansprechpartner kein Interesse an dem eingereichten Sponsoringprojekt, fragt man freundlich nach dem Grund und notiert diesen für die Sponsorendatenbank. Diese Information ist äußerst wichtig, um die eigene Sponsorenakquise im Zeitverlauf optimieren zu können. Eventuell bekommt man auch die Chance, seine Anfrage zu einem späteren Zeitpunkt nochmals platzieren zu dürfen. Besteht kein Interesse, sollte die Anfrage als vorerst abgeschlossen betrachtet werden und man sollte seine Zeit vielversprechenderen Kontakten widmen.

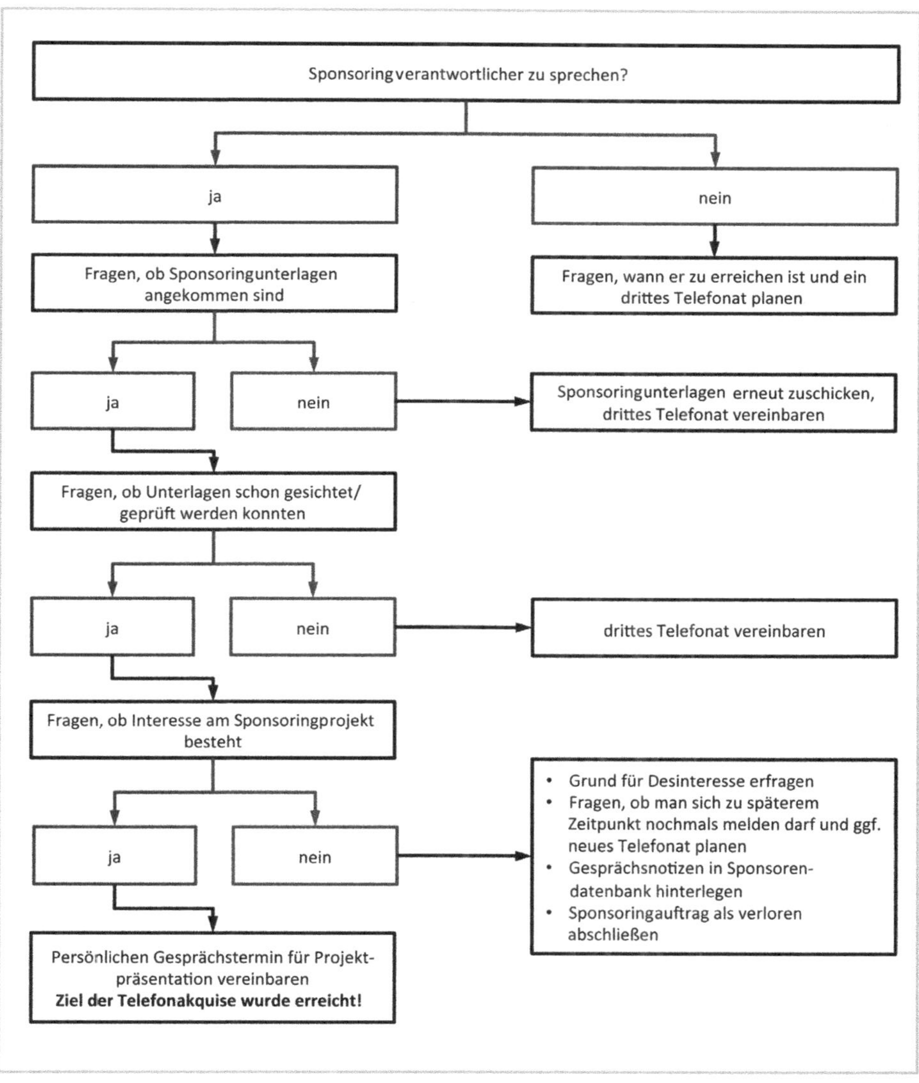

Abbildung 35: Leitfaden Ablauf Telefonkaltakquise Folgetelefonat(e)

6.7 Tipps zur Telefonakquise

Eine Sponsorenakquise per Telefon ist harte Arbeit, die bei häufigen Absagen extrem frustrierend werden kann. Trotzdem sollte man sich nicht entmutigen lassen und versuchen, sich ständig zu verbessern. Anbei einige Ratschläge für die Praxis:

Viele qualifizierte Anfragen stellen! Die Anzahl der erfolgreich abgeschlossenen Sponsoringpartnerschaften hängt nicht nur von der Kontaktqualität ab (siehe Kapitel *Sponsorenauswahl, Seite 142*), sondern auch von einer ausreichenden Kontaktquantität. Wer viele Anfragen mit möglichst großer Trefferwahrscheinlichkeit stellen kann, der hat am Ende den größten Erfolg. Erfolgreiche Verkäufer denken in Wahrscheinlichkeiten. Wer hundert Menschen anspricht, wird demnach öfter einen erfolgreichen Abschluss machen, als jemand, der sich mit zwanzig Kontakten begnügt.

Anbieten, nicht betteln! Ein gutes Sponsoringprojekt hat es nicht nötig, unter Wert verkauft zu werden. Daher muss man als Sponsorsuchender auch nicht als Bittsteller auftreten.

Absagen nicht persönlich nehmen! Um seine Akquisearbeit konzentriert und zielgerichtet fortführen zu können, sollte man Absagen auf keinen Fall persönlich nehmen. Eine Absage richtet sich selten gegen die anfragende Person, sondern liegt darin begründet, dass das vorgestellte Angebot für den Angefragten nicht passend war, zum Beispiel, weil es keine Zielgruppenübereinstimmung gab.

Durch Absagen nicht entmutigen lassen! Eine Absage ist zwar immer frustrierend, aber auch eine Chance! Daher sollte man den jeweiligen Ansprechpartner immer zu den Beweggründen für die Absage befragen. Hierdurch bekommt man wertvolle Informationen und die Möglichkeit, das Projekt und die Akquise ständig zu optimieren.

Keine Zeit verschwenden! Wenn der Sponsoringverantwortliche nicht willens ist, sich ein paar Minuten Zeit für die gut vorbereiteten Sponsoringunterlagen zu nehmen, dann fehlt es ihm grundsätzlich an Interesse. Daher ist es besser, nicht unnötig viel Zeit mit solchen Leuten zu verschwenden. Wer die von Ihnen angebotenen Kommunikationsleistungen nicht benötigt, wird sich auch nur selten in mehreren Gesprächen überreden lassen.

Checkliste Sponsorenansprache

Vorbereitung

- ❍ **Wurden die Sponsoringunterlagen vorbereitet und sind diese versandbereit?**
  - Sponsorenpräsentation
  - Sponsorenanschreiben
- ❍ Wurde die Sponsorendatenbank vorbereitet und ist diese einsatzbereit?
- ❍ Wurden alle wichtigen Informationen über den potenziellen Sponsor zusammengetragen?

1. Ansprache (Telefonakquise)

- ❍ Konnte beim potenziellen Sponsor ein Kontakt zu einem für Sponsoring verantwortlichen Mitarbeiter hergestellt werden?
- ❍ Wurden alle relevanten Unternehmensdaten in der Sponsorendatenbank erfasst?
- ❍ Wurden alle wichtigen Gesprächsinformationen in der Sponsorendatenbank hinterlegt?
- ❍ Wurden die Sponsoringunterlagen an den verantwortlichen Ansprechpartner verschickt?

6.8 Sponsorentermin

Eine wichtige Zwischenetappe der Sponsorenakquise ist der Sponsorentermin, zu dem man nach einer erfolgreichen Ansprache vom potenziellen Sponsor zum Gespräch eingeladen wird. Mit der Einladung zu einem Sponsorentermin signalisiert der potenzielle Sponsor sein Interesse am angebotenen Sponsoringprojekt. Daher ist es wichtig, den Termin gut vorzubereiten und zu gestalten. Ziel des Termins ist es, den potenziellen

Sponsor vom Projekt zu überzeugen und wenn möglich eine mündliche Zusage für ein Engagement zu erhalten. Wird man zu einem Gesprächstermin bei einem potenziellen Sponsor eingeladen, stehen die Chancen sehr gut, die Sponsoringanfrage erfolgreich abzuschließen.

Informationen sammeln

Im Rahmen der Sponsorenauswahl hat man sich bereits intensiv mit dem potenziellen Sponsor auseinandergesetzt. Dennoch sollte man sich in Vorbereitung auf den Sponsorentermin nochmals intensiver mit dem potenziellen Sponsor beschäftigen. Nur wenn man seine Wünsche, Bedürfnisse und Ziele in Hinblick auf ein Sponsoringengagement kennt, kann man sich gut auf den Sponsorentermin vorbereiten.

Das Sammeln dieser Informationen in diesem Stadium der Sponsorenakquise ist relativ einfach, denn man hat durch die erfolgreiche Sponsorenansprache ja bereits einen persönlichen Ansprechpartner beim potenziellen Sponsor. Diesen sollte man nach Möglichkeit nutzen und ihn ausführlich zu den Sponsoringzielen befragen.

Bitten Sie Ihre Ansprechpartner, Ihnen Informationen zu den Sponsoringzielen zukommen zu lassen. TIPP

Präsentation vorbereiten

Beim Sponsorentermin bekommt man die Chance, das Sponsoringprojekt ausführlich vorzustellen. Dies macht man am besten in Form einer PowerPoint-Präsentation.

Anders als bei der zuvor verschickten Sponsorenpräsentation kann man dabei allerdings mehr ins Detail gehen und auch stärker mit Multimediainhalten (Bildern, Videos, Grafiken, Diagrammen et cetera) arbeiten.

Ein Schwerpunkt der Präsentation muss allerdings darauf liegen, Lösungsansätze für die Sponsoringziele des potenziellen Sponsors zu liefern.

Beispiel: Mögliche Schwerpunkte einer Präsentation

- *Wünscht sich der potenzielle Sponsor mehr Bekanntheit in einer bestimmten Sponsoringzielgruppe, dann zeigt man ihm, wie man diese Zielgruppe durch das Sponsoringprojekt erreichen kann.*
- *Wünscht sich der potenzielle Sponsor ein bestimmtes Image, zeigt man ihm, dass man genau dieses Sponsoringimage verkörpert und wie man es für einen Sponsor transportieren kann.*
- *Wünscht sich der potenzielle Sponsor (zum Beispiel ein Getränkehersteller) Vertriebsmöglichkeiten, dann zeigt man ihm, welche Verkaufsmöglichkeiten man anzubieten hat.*
- *Wünscht sich ein potenzieller Sponsor Kontakt zu anderen Sponsoren, dann zeigt man, welche Networking-Möglichkeiten man anzubieten hat.*

Am Ende der Präsentation sollte der potenzielle Sponsor von der Professionalität, der Leistungsfähigkeit und dem Nutzen des Sponsoringprojekts im Hinblick auf die Erreichung seiner Sponsoringziele überzeugt sein.

TIPP

Ziel der Präsentation ist es, Lösungsansätze zum Erreichen der Sponsoringziele des potenziellen Sponsors zu liefern.

Termin vorbereiten

Agenda

Der Sponsorentermin ist der letzte große Schritt vor dem Abschluss eines Sponsoringvertrages. Daher sollte man bereits vor dem Termin einen möglichst professionellen Eindruck machen und den am Termin beteiligten Personen vorab eine Terminagenda mit folgenden Informationen schicken:

- Anlass
- Termin (Datum, Uhrzeit)
- Präsentationsort (inklusive Adresse)
- Beteiligte Personen (inklusive Funktion)
- Themenauflistung
- Zeitplan

Der Versand einer solchen Agenda im Vorfeld hat gleich mehrere Vorteile: Durch die schriftliche Fixierung von Ort, Adresse und Zeitpunkt kann der Empfänger die Daten auf Richtigkeit überprüfen.

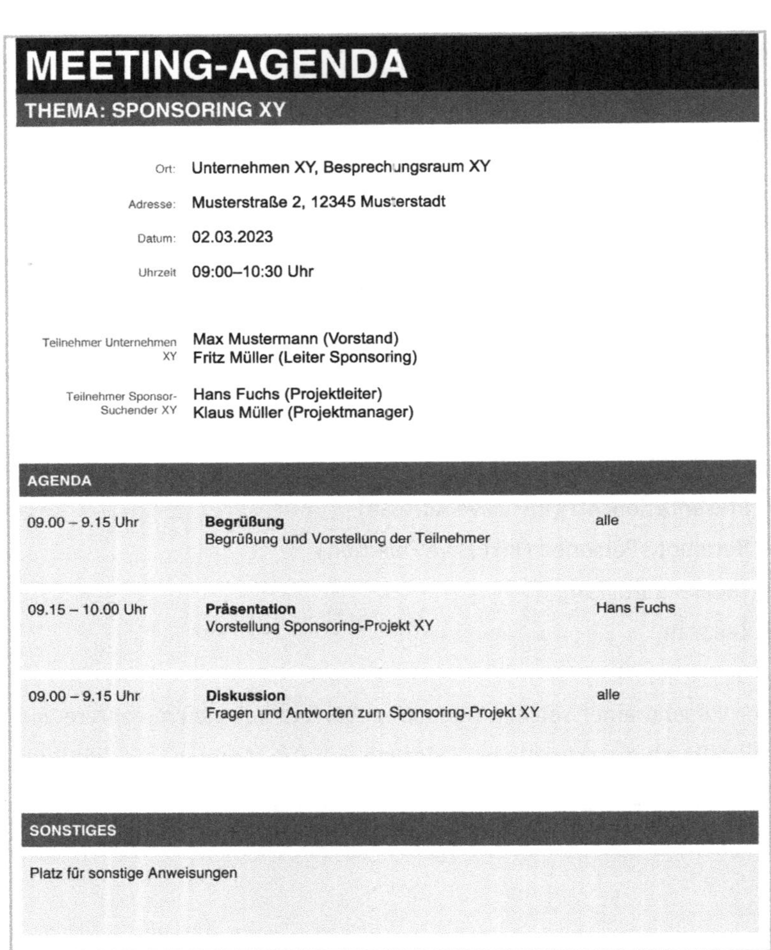

MEETING-AGENDA

THEMA: SPONSORING XY

Ort: Unternehmen XY, Besprechungsraum XY

Adresse: Musterstraße 2, 12345 Musterstadt

Datum: 02.03.2023

Uhrzeit 09:00–10:30 Uhr

Teilnehmer Unternehmen XY: Max Mustermann (Vorstand)
Fritz Müller (Leiter Sponsoring)

Teilnehmer Sponsor-Suchender XY: Hans Fuchs (Projektleiter)
Klaus Müller (Projektmanager)

AGENDA

09.00 – 9.15 Uhr	**Begrüßung** Begrüßung und Vorstellung der Teilnehmer	alle
09.15 – 10.00 Uhr	**Präsentation** Vorstellung Sponsoring-Projekt XY	Hans Fuchs
09.00 – 9.15 Uhr	**Diskussion** Fragen und Antworten zum Sponsoring-Projekt XY	alle

SONSTIGES

Platz für sonstige Anweisungen

Abbildung 36: Beispiel-Agenda zur Vorbereitung eines Sponsorentermins

- Alle Meetingteilnehmer kennen die Programmpunkte des Meetings und werden vorab darüber informiert, wer am Meeting teilnimmt. Dadurch gibt man allen Beteiligten die Möglichkeit, sich auf den Termin vorzubereiten.
- Die Teilnehmer wissen, wie viel Zeit sie für das Meeting einplanen müssen.
- Die Meetingagenda kann bereits im Vorfeld von den Teilnehmern ergänzt oder korrigiert werden.

Mit der Vorbereitung und dem Versand einer Meetingagenda vor einem Sponsorentermin kann man bereits im Vorfeld einen guten Eindruck beim potenziellen Sponsor machen.

TIPP

Technik

Für die Vorstellung des Sponsoringprojektes beim Sponsorentermin bereitet man am besten eine PowerPoint-Präsentation vor. Allerdings ist nicht immer gewährleistet, dass man beim Termin vor Ort alle Möglichkeiten (Sitzgelegenheiten, Laptop, Beamer, Leinwand, Lautsprecher et cetera) vorfindet, die man für die Präsentation benötigt. Daher ist es extrem wichtig, sich vorab über die Präsentationsräumlichkeiten und die technische Ausstattung zu informieren.

Nichts ist peinlicher als Pannen oder technische Probleme beim Präsentationstermin. Stellen Sie sich daher mit einem Plan B auf mögliche technische Pannen ein.

TIPP

Vor einem Sponsorentermin sollte man sich über folgende Dinge in Hinblick auf Räumlichkeiten und Technik folgende Gedanken machen:

1. Räumlichkeiten

- Eignen sich die Räumlichkeiten für eine Präsentation (Ausstattung, Sitzplätze et cetera) oder muss auf andere Räumlichkeiten ausgewichen werden?

2. Computer

- Kann ein eigener Computer für die Präsentation verwendet werden?
- Muss ein fremder Computer für die Präsentation verwendet werden?
- Welche Kabel und Adapter zum Anschluss externe Geräte werden benötigt (Beamer, Soundanlage, Internetkonnektivität et cetera)? Sind diese vorhanden oder müssen sie mitgebracht werden?
- Gibt es die Möglichkeit, beim Versagen der Technik auszuweichen (Ersatzcomputer, USB-Stick et cetera)?

3. Zubehör

- Ist ein Beamer vorhanden oder muss er mitgebracht werden?
- Ist eine Projektionsfläche für die Präsentation (Wand, Leinwand) vorhanden oder muss eine Leinwand mitgebracht werden?
- Ist (falls nötig) eine Soundanlage zum Abspielen von Bewegtbildmaterial vorhanden? Müssen Lautsprecher mitgebracht werden?
- Sind Flipchart, Stifte oder sonstige Präsentationsmaterialien vorhanden oder müssen diese mitgebracht werden?

Umfang und Inhalt der Präsentation

Der Umfang der Präsentation hängt in der Regel davon ab, wie viel Zeit man vom potenziellen Sponsor bekommt. In der Regel sind das ein bis eineinhalb Stunden.

Überschreiten Sie das Zeitbudget für die Präsentation auf gar keinen Fall. Ansonsten besteht die Gefahr, dass die Präsentation vom potenziellen Sponsor abgebrochen wird, bevor Sie damit fertig sind.

TIPP

Die Präsentation beim Sponsorentermin hat eine andere Zielsetzung als die im Vorfeld verschickten Sponsoringunterlagen. Sie soll den potenziellen Sponsor detailliert in das Sponsoringprojekt einführen, Werbemöglichkeiten aufzeigen und ihn vom Projekt überzeugen. Hierfür kann auch verstärkt mit Bild- und Videomaterial sowie aussagekräftigen Grafiken und Diagrammen gearbeitet werden.

Bei der Gestaltung der Präsentation ist wieder darauf zu achten, dass man auf die Marketingziele des potenziellen Sponsors eingeht und das Sponsoringprojekt lösungsorientiert präsentiert. Bindet man den potenziellen Sponsor mit Gestaltungsbeispielen inhaltlich direkt in die Präsentation ein, verbessert man sein Vorstellungsvermögen und kann so einen (emotionalen) Bezug zwischen Projekt und potenziellem Sponsor herstellen. Ziel des Sponsorentermins ist es, den potenziellen Sponsor für das Sponsoringprojekt zu begeistern und zu überzeugen.

Präsentation halten

Um einen guten Eindruck auf den potenziellen Sponsor zu machen, sollte man sich am Tag der Präsentation pünktlich und in angemessener Kleidung am vereinbarten Ort einfinden. Der Ablauf des Sponsorentermins kann dabei folgendermaßen aussehen:

1. Aufbau Präsentationstechnik
2. Begrüßung und Vorstellung
3. Präsentation des Sponsoringprojektes

4. Diskussions- und Fragerunde
5. Besprechung der nächsten Schritte

Aufbau Präsentationstechnik

Für eine Präsentation gibt es nichts Schlimmeres als fehlendes Präsentationsmaterial oder nicht funktionierende Technik. Daher sollte man vor dem Sponsorentermin alle Unterlagen und Materialien auf Vollständigkeit und Funktionstüchtigkeit prüfen. Planen Sie genügend Zeit vor Ort ein, um alles rechtzeitig aufbauen und nochmals auf Funktion prüfen zu können.

Begrüßung und Vorstellung

Zum Einstieg in die Präsentation sollte man sich für die Einladung zum Termin bedanken. Anschließend ist eine Vorstellungsrunde angebracht, bei der sich alle am Sponsorentermin beteiligten Personen kurz vorstellen und ihre Funktion im Rahmen des Sponsoringprojektes erläutern. Hierbei erfolgt auch der Austausch von Visitenkarten, die man als Sponsorsuchender natürlich immer dabei hat.

Präsentation des Sponsoringprojektes

Für eine erfolgreiche Präsentation ist es sehr wichtig, dass die präsentierende Person ein sicheres Auftreten besitzt und die Präsentation flüssig und ohne abzulesen halten kann. Sie muss sich zudem sehr gut mit dem Sponsoringprojekt auskennen und Fragen jederzeit ohne zu zögern beantworten können.

Bei einer Präsentation vor Ort hat man umfangreiche Präsentationsmöglichkeiten, mit denen man die Präsentation kurzweilig, unterhaltsam und sehr persönlich gestalten kann. Aussagekräftige Grafiken,

Diagramme, Bilder, Videos und beeindruckendes Zahlenmaterial können dabei helfen, den oder die Zuhörer emotional mitzunehmen und für das Sponsoringprojekt zu begeistern.

Der Erfolg eines Sponsorentermins hängt maßgeblich vom Inhalt und der Person ab, die präsentiert! TIPP

Diskussions- und Fragerunde

Bei der an die Präsentation anschließenden Diskussions- und Fragerunde kristallisiert sich heraus, ob man den potenziellen Sponsor begeistern konnte. An dieser Stelle können offene Fragen geklärt und erste Kooperationsmöglichkeiten erörtert werden. Zudem sollte man als Sponsorsuchender versuchen, möglichst viel darüber herauszufinden, in welcher Form und in welchem Umfang sich der potenzielle Sponsor ein Engagement vorstellen kann. Auf dieser Grundlage wird später das Sponsoringangebot formuliert.

Besprechung nächster Schritte

Wenn das Gespräch gut verlaufen ist und der potenzielle Sponsor seine Bereitschaft signalisiert hat, sich im Rahmen des Sponsoringprojektes zu engagieren, wird es Zeit, die nächsten Schritte zu besprechen. Spätestens zu diesem Zeitpunkt wird der Sponsor ein konkretes Angebot anfordern, in welchem Leistungen und die dazugehörigen Preise definiert sind.

In der am Anschluss an die Präsentation stattfindenden Diskussion kristallisiert sich meistens heraus, ob und in welchem Umfang sich der potenzielle Sponsor ein Engagement vorstellen kann. TIPP

Termin nachbereiten

Im Anschluss an den Präsentationstermin muss dieser nachbereitet werden. Hierzu wird ein Gesprächsprotokoll angefertigt, welches anschließend auch dem potenziellen Sponsor zur Verfügung gestellt wird. Das Gesprächsprotokoll dient sowohl dem Sponsorsuchenden als auch dem potenziellen Sponsor als Dokumentation und Gedächtnisstütze für die besprochenen Punkte. Den mündlichen Vereinbarungen wird dadurch eine gewisse Verbindlichkeit verliehen und niemand kann sich später herausreden, man hätte bestimmte Dinge nicht angesprochen.

TIPP

Die Zusendung eines schriftlich verfassten Gesprächsprotokolls an alle Beteiligten des Sponsorentermins macht einen professionellen Eindruck und schafft eine gewisse Verbindlichkeit beim potenziellen Sponsor.

Im Zusammenhang mit der Nachbereitung des Sponsorentermins kann damit begonnen werden, ein Sponsoringangebot für den potenziellen Sponsor zu formulieren.

Checkliste Vorbereitung Sponsorentermin

Terminplanung

- ❍ **Wurde ein fixer Präsentationstermin vereinbart?**
  - Datum?
  - Uhrzeit?
  - Wo soll der Termin stattfinden?
  - Beim potenziellen Sponsor?
  - Beim Sponsorsuchenden?
  - In welchen Räumlichkeiten?
- ❍ **Eignen sich die Präsentationsräumlichkeiten für die Präsentation?**
  - Sitzgelegenheiten?
  - Technische Ausstattung?
- ❍ **Wer nimmt an der Präsentation teil?**
  - Von Seiten des potenziellen Sponsors?
  - Von Seite des Sponsorsuchenden?
- ❍ Besitzen die teilnehmenden Personen Entscheidungsbefugnisse?
- ❍ Wurde rechtzeitig vor dem Termin eine Meetingagenda angefertigt und rechtzeitig an alle an der Präsentation teilnehmenden Personen verschickt?

Präsentation

- ❍ **Wurde eine aussagekräftige (PowerPoint-)Präsentation vorbereitet?**
  - Wird mit Multimediainhalten gearbeitet (Bilder, Videos et cetera)?
  - Beinhaltet die Präsentation aussagekräftige Zielgruppeninformationen?
  - Beinhaltet die Präsentation aussagekräftige Imageinformationen?
  - Beinhaltet die Präsentation aussagekräftige Reichweiteninformationen?
  - Werden dem potenziellen Sponsor interessante und für ihn relevante Sponsoringmöglichkeiten aufgezeigt?
- ❍ Liegt die Präsentation für alle Beteiligten in ausgedruckter Form vor?
- ❍ Kennt sich die Person, die präsentiert, gut mit dem Sponsoringprojekt aus und kann sie gut präsentieren?

Technik

- ❍ Ist die benötigte Präsentationstechnik vorhanden und einsatzbereit (zum Beispiel Computer, Beamer, Leinwand, Laserpointer, Adapter, Kabel et cetera)?
- ❍ Gibt es Back-ups im Fall technischer Probleme (zum Beispiel Ersatz-PC, Sicherungskopie der Präsentation auf USB, ausgedruckte Präsentation et cetera)?

Vor-Ort-Termin

- ❍ Wurde gegebenenfalls genügend Zeit für die Anreise zum Termin eingeplant?
- ❍ Wurde genügend Zeit für den Aufbau der Präsentationstechnik vor Ort eingeplant, um pünktlich mit der Präsentation beginnen zu können?
- ❍ Haben alle Terminteilnehmer von Seite des Sponsorsuchenden Visitenkarten dabei?

Präsentationsablauf

- ❍ Begrüßung, Vorstellung, Tausch von Visitenkarten
- ❍ Präsentation (Zeitplan einhalten!)
- ❍ Fragen und Antworten
- ❍ Diskussion
- ❍ Besprechung weiterer Schritte

Sponsoringvereinbarung

Im Rahmen der Sponsoringvereinbarung werden die Rahmenbedingungen für die Sponsoringkooperation abgesteckt. Hierbei macht der Gesponserte dem Sponsor ein Sponsoringangebot. Nimmt dieser das Angebot an, wird die Absicht zur Kooperation in einer Sponsoringabsichtserklärung festgehalten und anschließend mit dem Sponsoringvertrag besiegelt.

7.1 Sponsoringangebot

Ist der Sponsorentermin positiv verlaufen, beginnen die Verhandlungen mit dem potenziellen Sponsor. Als Verhandlungsgrundlage dient hierbei das Sponsoringangebot, welches man dem potenziellen Sponsor in diesem Stadium der Sponsorenakquise zukommen lassen muss.

Erstellung Sponsoringangebot

Erst nach dem persönlichen Gespräch im Sponsorentermin bekommt man ein Gefühl dafür, was sich der potenzielle Sponsor von einem Engagement beim Sponsoringprojekt erwartet und in welchem finanziellen Rahmen er sich ein Sponsoring vorstellen kann. Erst wenn diese Informationen vorliegen, kann ein individuelles, auf die Bedürfnisse des potenziellen Sponsors zugeschnittenes Sponsoringangebot zusammengestellt und unterbreitet werden.

Werbeleistungen zu Sponsoringpaket zusammenfassen

Für die Erstellung eines Sponsoringangebotes nutzt man die bereits im Rahmen des Sponsoringkonzeptes definierten Sponsoringleistungen beziehungsweise Sponsoringpakete. Sollte keines der bereits vorgefertigten Sponsoringpakete für den potenziellen Sponsor passen, werden bei Bedarf einzelne Werbeleistungen zu einem individuellen Gesamtpaket zusammengestellt. Somit kann man den Wünschen und Bedürfnissen des potenziellen Sponsors inhaltlich und preislich jederzeit entsprechen. Bei der Zusammenstellung achtet man auf eine gewisse Flexibilität, sodass der potenzielle Sponsor das Angebot um einzelne Paketbestandteile erweitern oder reduzieren kann.

TIPP

Für jeden potenziellen Sponsor wird auf Grundlage der Gesprächsinhalte des Sponsorentermins ein individuelles Sponsoringpaket zusammengestellt!

Schriftliches Angebot platzieren

Hat man die einzelnen Werbeleistungen zu einem Sponsoringgesamtpaket zusammengestellt, arbeitet man das Sponsoringangebot schriftlich aus und listet die einzelnen Werbeleistung auf. Jede Werbeleistung sollte dabei eine kurze Leistungsbeschreibung bekommen, in der auch das jeweilige Werbeziel genannt wird. Damit macht man es dem potenziellen Sponsor sehr leicht, das Angebot sofort zu verstehen. Ein Sponsoringangebot kann anschließend folgendermaßen aussehen:

andreaswill.com • Käppelerstr. 28 • 72770 Reutlingen • Deutschland

Mustermann GmbH
Herr Max Mustermann
Musterstraße 123
12345 Musterstadt
Deutschland

Kunden-Nr.: ADR-000102
Datum: 09.06.2015
Rückfragen an: Administrator
Telefon: +49 [illegible]
E-Mail: [illegible]@andreaswill.com

Seite: 1

Angebot Nr. AN-2015-0027

Sponsoring-Angebot Hauptsponsoring Fußballverein XY (Spielzeiten 2015/2016 und 2016/2017)

Sehr geehrter Herr Mustermann,

anbei unser Sponsoring-Angebot, welches wir auf der Gesprächsgrundlage unseres Termines vom 09.06.2015 bei Ihnen im Hause zusammengestellt haben. Wie gewünscht, haben wir bei der Zusammenstellung des Sponsoring-Angebotes darauf geachtet, dass sie die angebotenen Werbemöglichkeiten optimal bei der Erreichung Ihrer Ziele „Standortmarketing", „Mitarbeitermarketing" und „Kundenmarketing" unterstützen.

Dieses Angebot ist unverbindlich und kann Ihren Wünschen und Bedürfnissen jederzeit angepasst werden.

Pos.	Bezeichnung	Menge	Einh.	USt	Einzelpreis €	Gesamtpreis €
1	**Trikotswerbung** - Logoaufdruck Trikot-Vorderseite Wettkampf-Trikots 1. Herrenmannschaft (Produktionskosten inklusive) - Format: Maximal 200 Quadratzentimeter Ziel: Medienpräsenz in den lokalen und regionalen Medien	2,00	Stück	19,00%	9.900,00	19.800,00
2	**Bandenwerbung Spielfeldrand** - Statische Werbebande Spielfeldrand - Platzierung: TV-relevanter Bereich, hinter den Toren - Format: 10m x 1m Ziele: - Medienpräsenz in den lokalen und regionalen Medien - Präsenz bei den Zuschauern im Stadion	4,00	Stück	19,00%	2.500,00	10.000,00
3	**Produktion Bandenwerbung Spielfeldrand** - Alu-Dibond Platte (4mm) - UV-Direktdruck einseitig - 4 Bohrungen	2,00		19,00%	990,00	1.980,00
4	**Anzeigen Stadionheft** - Print-Anzeigen Stadionzeitung - Format: DIN A4, Glanzdruck - Umfang: 24 Seiten - Auflage: 1.000 Stück pro Spieltag + digitale Online-Ausgabe Ziele: Ansprache Stadionbesucher und Online-Leser	34,00		19,00%	150,00	5.100,00
				Zwischensumme:		36.880,00

andreaswill.com • UStID: DE [illegible]
[illegible] • Deutschland • Geschäftsführer: Andreas Will
Telefon: +49 [illegible] • E-Mail: [illegible]@andreaswill.com • Internet: www.andreaswill.com
Bank: [illegible] • Konto: [illegible] • Blz: [illegible] • IBAN: [illegible] • BIC: [illegible]

Abbildung 37 a: Beispielangebot Sponsorenpräsentation

Angebot Nr. AN-2015-0027
Seite 2

Pos.	Bezeichnung	Menge	Einh.	USt	Einzelpreis €	Gesamtpreis €
				Übertrag:		36.880,00
5	**Bannerwerbung Vereins-Website** - Bannerwerbung Vereins-Website - Platzierung: Rechte Seite - Format: 300x600 (Hochformat) - Volumen: 1.000.000 Werbeeinblendungen (Tausender-Kontakt-Preis: 4,50€) Ziele: Werbliche Ansprache Website-Besucher	1000,00		19,00%	4,50	4.500,00
6	**VIP-Tickets** - 34x5 VIP-Tickets für alle Ligaspiele (5 Tickets pro Spieltag) - VIP-Sitzplätze Oberrang Mitte - Zutritt zum VIP-Bereich, inklusive Tisch mit fünf Sitzplätzen - Essen und Trinken inklusive - Meet & Greet mit Spielern und Trainern nach dem Spiel Ziele: - Einladung von Mitarbeitern - Einladung von Kunden - Networking	170,00		19,00%	59,00	10.030,00
7	**Leistungen, Rechte und Prädikate als Hauptsponsor (Sponsoringvolumen ab 50.000€)** - Branchenexklusivität im Bereich Versicherungen - Recht zur werblichen Nutzung des Prädikats „Offizieller Partner von Fußballverein XY" - Logopräsenz offizielles Briefpapier Fußballverein XY - Logopräsenz Website - Logopräsenz Stadionzeitung - Logopräsenz Presse- und Werbewände im Stadion (15 Stück) - Logopräsenz Eintrittskarten - Logopräsenz VIP-Armbändchen - Logopräsenz Kassenhäuschen Ziel: Bekanntheitssteigerung Stadionbesucher	1,00		19,00%		
8	**Medien-Auswertung** - Erstellung schriftliches Reichweiten-Reporting für Unternehmen XY - Abgabe beim Sponsor nach Abschluss jeder Saison Ziel: Kontrolle der generierten Medienreichweite	1,00		19,00%		

Umsatzsteuer 19%: 9.767,90 €, Netto: 51.410,00 €		
	Gesamt Netto €:	51.410,00
	Gesamt Steuer €:	9.767,90
	Gesamt Brutto €:	**61.177,90**

Dieses Angebot gilt bis zum 30.06.2015. Bitte teilen Sie uns bis zu diesem Zeitpunkt ihr Einverständnis bzw. Ihre Änderungswünsche mit. Anschließend werden wir schriftliche eine verbindliche Absichtserklärung aufsetzen und in die Projektplanung einsteigen.

andreaswill.com • UStID: DE 216494409
[illegible] • [illegible] • Deutschland • Geschäftsführer: Andreas Will
Telefon: +49 [illegible] • E-Mail: [illegible]@andreaswill.com • Internet: www.andreaswill.com
Bank: [illegible] • Konto: [illegible] • Blz: [illegible] • IBAN: [illegible] • BIC: [illegible]

Abbildung 37 b: Beispielangebot Sponsorenpräsentation

TIPP

Die Produktion von Werbemitteln kann unter Umständen hohe Kosten verursachen. Da in der Regel der Sponsor die Kosten für die Werbemittelproduktion trägt, sollte dies im Sponsoringangebot entsprechend berücksichtigt werden.

Entsprechend dem Angebot kann der potenzielle Sponsor nun entscheiden, ob er dieses annimmt, Angebotsteile streicht oder hinzufügt. Man lässt dem potenziellen Sponsor somit volle Flexibilität, einen ausreichenden Handlungsspielraum und zwingt ihn nicht in ein festes Korsett. Stattdessen lässt man ihm bei der Ausgestaltung seines Engagements bewusst Freiheiten, um so besser auf individuelle und situative Wünsche eingehen zu können.

TIPP

Das Buch *Sponsoringvertag* von Ulrich Poser und Bettina Backes (erhältlich unter http://bit.ly/sponsoringvertrag) bietet eine gute Hilfestellung zur Verfassung individueller Sponsoringverträge in Eigenregie.

Durch die Nennung eines Gültigkeitstermins für das Sponsoringangebot kann man beim potenziellen Sponsor Druck für eine Entscheidung aufbauen. Somit kommt man schneller zu einem Abschluss und hat dadurch mehr Zeit für Planung und Umsetzung der gemeinsamen Sponsoringmaßnahmen.

Haben sich beide Verhandlungspartner auf ein Leistungspaket geeinigt, wird dieses bis zum finalen Vertragsabschluss in einer Absichtserklärung (Letter of Intent) festgehalten und um weitere Pflichten und Rechte ergänzt.

Checkliste Sponsoringvereinbarung

- ❍ Wurde ein schriftliches Sponsoringangebot für den potenziellen Sponsor erstellt?
- ❍ Wurden im Sponsoringangebot alle vom potenziellen Sponsor gewünschten Leistungen mit Preis aufgelistet?
- ❍ Wurden im schriftlichen Sponsoringangebot die Kosten für die Werbemittelproduktion mitberücksichtigt?
- ❍ Hat der potenzielle Sponsor die Möglichkeit, Angebotsbestandteile zu streichen oder hinzuzufügen?

7.2 Sponsoringabsichtserklärung (Letter of Intent, LOI)

Aufgrund der inhaltlichen Komplexität beim Sponsoring und der Zeit, die von der (mündlichen) Annahme des Sponsoringangebotes durch den Sponsor bis zur Ausarbeitung und Prüfung eines Sponsoringvertrages vergeht, wird die angestrebte Zusammenarbeit bei größeren Sponsoringprojekten oftmals schon vor Vertragsabschluss mit einer schriftlichen Sponsoringabsichtserklärung, einem sogenannten Letter of Intent (LOI), geregelt. Obwohl ein Letter of Intent noch keinen rechtlich bindenden Charakter hat wie ein späterer Vertrag und auch keine Verpflichtung zum Vertragsabschluss beinhaltet, so ist er sehr sinnvoll, um den aktuellen Stand der Verhandlungen und die nächsten Schritte formal festzuhalten. Der Letter of Intent regelt nach einer Zusage des potenziellen Sponsors das weitere Vorgehen bis zum Abschluss des Sponsoringvertrages.

Inhaltliche Gestaltung Letter of Intent

Der LOI erklärt den Willen der Sponsoringparteien zur Zusammenarbeit und zum Vertragsabschluss und schafft so eine gewisse Vertrauensbasis und unterstreicht die professionelle Herangehensweise an ein Sponsoringprojekt. Darüber hinaus können im LOI Exklusivitätsvereinbarungen (zum Beispiel Abbruch der Gespräche mit Wettbewerbern des Sponsors), Kommunikationsrechte (zum Beispiel Erlaubnis, den Namen des neuen Sponsors zu kommunizieren), Geheimhaltungspflichten (Geheimhaltung der vereinbarten Preise) und Kostenregelungen (Auflistung der Sponsoringleistungen und Preise) schriftlich fixiert werden. Hierbei sollte der LOI folgendes beinhalten:

1. **Nennung der Verhandlungspartner**
   A. Name und Anschrift Gesponserter
   B. Name und Anschrift Sponsor

2. **Gegenstand des LOI**
   A. Erläuterung des geplanten Vorhabens und der bisherigen Gesprächsergebnisse
   B. Erläuterung der Unverbindlichkeit der Absichtserklärung

3. **Zeitplan**
   A. Weitere Schritte bis zum Vertragsabschluss
   B. Geplanter Zeitpunkt des Vertragsabschlusses

4. **Exklusivität**
   A. Verhandeln die Vertragsparteien exklusiv miteinander?
   B. Soll der Gesponserte die Verhandlungen mit Wettbewerbern des Sponsors abbrechen oder aussetzen?

5. **Vertraulichkeit**
   A. Welche Verhandlungsinhalte dürfen an die Öffentlichkeit gelangen?
   B. Welche Verhandlungsinhalte müssen geheim bleiben?

6. **Laufzeit**
   A. Laufzeit des Letter of Intent (wird vom Sponsoringvertrag abgelöst)

7. **Kosten**
   A. Wer trägt die Kosten, die bis zum Abschluss des Sponsoringvertrages eventuell anfallen?

8. **Sonstige Regelungen**
   A. Schriftformerfordernis
   B. salvatorische Klausel
   C. Rechtswahl- und Gerichtsstandsvereinbarung
   D. et cetera

9. **Unterschriften**
   A. Unterschrift Gesponserter
   B. Unterschrift Sponsor

Nachdem Gesponserter und Sponsor den Letter of Intent unterschrieben haben, kann mit der Ausformulierung des Sponsoringvertrages begonnen werden.

TIPP

Fertigen Sie nach einer Sponsoringzusage einen Letter of Intent an und legen Sie diesen dem neuen Sponsor zur Unterschrift vor. Das schafft Vertrauen und unterstreicht die Ernsthaftigkeit der Kooperation.

Checkliste Absichtserklärung (Letter of Intent)

- ❍ Werden im Letter of Intent die Vertragsparteien namentlich genannt?
- ❍ Wurde die geplante Kooperation erklärt?
- ❍ Wurde die Unverbindlichkeit der Absichtserklärung erklärt?
- ❍ Wurden ein Zeitplan bis zum Vertragsabschluss und der Zeitpunkt des Vertragsabschlusses definiert?
- ❍ Wurde vereinbart, dass exklusiv mit dem potenziellen Sponsor verhandelt wird oder parallel Verhandlungen mit anderen möglichen Partnern laufen?
- ❍ Wurde vereinbart, ob laufende Gespräche mit anderen möglichen Sponsoren abgebrochen oder ausgesetzt werden sollen?
- ❍ Wurde vereinbart, welche Verhandlungsinhalte bereits vor Vertragsabschluss an die Öffentlichkeit gelangen dürfen?
- ❍ Wurde vereinbart, welche Verhandlungsinhalte geheim bleiben müssen?
- ❍ Wurde definiert, welche Laufzeit der Letter of Intent haben soll (in der Regel bis zum Zeitpunkt des Vertragsabschlusses)?
- ❍ Wurde vereinbart, wer bis zum Abschluss des Sponsoringvertrages anfallende Kosten zu tragen hat?
- ❍ Wurden Schriftformerfordernis, salvatorische Klausel, Rechtswahl und Gerichtsstandvereinbarung et cetera in den Letter of Intent aufgenommen?
- ❍ Haben beide Kooperationspartner die Absichtserklärung unterschrieben?

Sponsoringvertrag

Der Sponsoringvertrag setzt den Schlusspunkt bei der Sponsorenakquise und besiegelt die Sponsoringpartnerschaft zwischen Sponsor und Gesponsertem. Allerdings ist der Abschluss einer Sponsoringvertrages eine sehr komplexe Angelegenheit, bei der viele Dinge zu beachten sind.

8.1 Mündlicher Sponsoringvertrag

Besonders bei kleineren Sponsoringprojekten wird der Sponsoringvertrag gern mündlich oder durch konkludentes Handeln (mündlich oder stillschweigender Ausdruck des Willens zur Kooperation) geschlossen. Dieses Vorgehen ist zwar bequem, macht aber im Streitfall große Probleme. Kommt es nämlich im Verlauf der Sponsoringpartnerschaft zu Meinungsverschiedenheiten zwischen Sponsor und Gesponsertem, dann kann dies schnell zu einem kostspieligen Rechtsstreit führen. In der Regel übersteigt dieser die Kosten für die Erstellung eines schriftlichen Sponsoringvertrages schnell.

Sponsoren, aber vor allem auch Gesponserte zeigen mit dem Verzicht auf einen schriftlich formulierten Sponsoringvertrag ihren mangelnden Bindungswillen und ihre Unprofessionalität. Von Sponsoringpartnern, die auf einen schriftlich formulierten Vertrag verzichten wollen, ist daher besser Abstand zu nehmen.

TIPP

Mündlich geschlossene Sponsoringverträge zeugen von unprofessionellem Verhalten und sorgen bei Meinungsverschiedenheiten zwischen Sponsor und Gesponsertem für große Probleme und im Fall eines Rechtsstreits für hohe Kosten.

8.2 Schriftlicher Sponsoringvertrag

Aus den oben genannten Gründen sollte auf einen schriftlichen Sponsoringvertrag keinesfalls verzichtet werden. Zwar ist die Formulierung eines Sponsoringvertrages mit einigem Aufwand und gegebenenfalls auch mit Kosten verbunden, er bringt aber auch unverzichtbare Vorteile mit sich:

Schutz vor Übereilung: Die schriftliche Ausarbeitung eines Sponsoringvertrages schützt die Vertragsparteien vor übereilten Entscheidungen. Bei der Vertragsformulierung treten nämlich häufig weitere praxis- und vertragsrelevante Fragen auf, die im Vorfeld geklärt werden müssen.

Vertragsgegenstand: Der Sponsoringvertrag beschreibt, worum es bei der Sponsoringkooperation geht. So können sich Außenstehende (Anwälte, Gerichte et cetera) im Konfliktfall schnell in die Sponsoringkooperation einarbeiten und diese verstehen.

Rechte und Pflichten: Der Sponsoringvertrag regelt die Rechte und Pflichten der Sponsoringparteien bindend und dient als Beweissicherheit für die vereinbarten Vertragsinhalte. Dies kann auch steuerrechtlich relevant werden!

Ein schriftlicher Sponsoringvertrag zeugt von Professionalität und gibt Sponsor und Gesponsertem Rechtssicherheit. TIPP

Die Gestaltung des Sponsoringvertrages sollte der Gesponserte übernehmen. Ihm wird die inhaltliche Vertragsgestaltung deutlich leichter fallen als dem Sponsor, da er sich besser mit dem Sponsoringprojekt und seinen Möglichkeiten auskennt. Möchte der Sponsor die Vertragsgestaltung übernehmen, dann sollte der Vertrag vor der Unterschrift auf jeden Fall nochmals vom Anwalt des Gesponserten überprüft werden. Zu groß ist sonst die Gefahr, dass mögliche nachteilige Vertragsklauseln nicht richtig erkannt und in ihren Konsequenzen falsch eingeschätzt werden.

TIPP **Der Gesponserte sollte nach Möglichkeit die Erstellung des Sponsoringvertrages übernehmen.**

Die Ausformulierung eines rechtsgültigen Sponsoringvertrages stellt eine echte Herausforderung dar und zwar für Rechtslaien wie Anwälte gleichermaßen. Sponsoringnehmer sind typischerweise keine Juristen, daher ist es für sie schwer, die Rechtsgültigkeit eines Vertrages einzuschätzen und sicherzustellen. Ein Rechtsbeistand hingegen hat meist das Problem, wenn er nicht bereits mit Sponsoring vertraut ist, die relevanten Sachverhalte richtig zu erfassen. Daher benötigt man eigentlich beides: Eine gute Kenntnis des Sponsoringprojektes und juristisches Wissen. Wer selbst keine Rechtskenntnis besitzt, der wird bei der Vertragsgestaltung die entsprechende Hilfe benötigen, am besten durch einen kompetenten Sponsoringfachanwalt. Natürlich kann sich nicht jeder einen teuren Fachanwalt leisten. Daher wird in der Praxis gerne auf Sponsoringmusterverträge zurückgegriffen.

8.3 Sponsoringmustervertrag

Im Internet findet man eine ganze Reihe kostenloser und kostenpflichtiger Sponsoringmusterverträge zum Download. Solche Musterverträge eignen sich durchaus dazu, einen ersten Überblick über notwendige Vertragselemente zu bekommen. Da aber Sponsoringpartnerschaften alleine auf Grund der Unterschiedlichkeit von Sponsoringnehmern und der jeweiligen Projekte sehr verschieden sind, kommt man um einen individuell ausgearbeiteten Sponsoringvertrag in den meisten Fällen nicht herum. Eine Vereinheitlichung beziehungsweise Standardisierung von Sponsoringverträgen macht nur im Bereich von Ausrüster- oder Lizenzkooperationen Sinn, da sich die Vertragsinhalte hier kaum ändern.

Jede Sponsoringart und jedes Sponsoringprojekt besitzt seine individuellen Eigenheiten und ist daher auch individuell zu betrachten. Ein Sponsoringmustervertrag kann daher nur eine erste, ganz grobe Gestaltungshilfe sein. Man sollte daher Abstand davon nehmen, solche Vertragswerke eins zu eins für das eigene Sponsoringprojekt zu übernehmen. Um eine Rechtssicherheit zu erhalten, empfiehlt es sich weiterhin, juristischen Rat einzuholen. Es besteht ansonsten für den Rechtslaien immer das Risiko, dass die geschlossenen Vereinbarungen unwirksame Klauseln enthalten, die im schlimmsten Fall den gesamten Sponsorenvertrag unwirksam werden lassen können.

Sponsoringmusterverträge können einen individuell ausgearbeiteten Sponsoringvertrag nicht ersetzen! TIPP

Wer die Formulierung eines (möglichst rechtssicheren) Sponsoringvertrages aus Kostengründen selbst übernehmen möchte, der sollte sich das Fachbuch *Sponsoringvertrag* der beiden Rechtsanwälte Ulrich Poser und Bettina Backes besorgen. In diesem Buch wird genau erklärt, wie ein Sponsoringvertrag inhaltlich aufgebaut werden muss. Außerdem werden auf einer CD für jeden Vertragsteil rechtsgültige Vertragstexte mitgeliefert, die man für seinen eigenen Sponsoringvertrag nutzen und individuell anpassen kann. Außerdem werden die Vertragstexte im Buch detailliert erklärt. Auch wenn sich das Buch tendenziell an Rechtskundige richtet, wird mit diesem Buch auch der juristische Laie in die Lage versetzt, einen professionellen, individuellen Sponsoringvertrag aufzusetzen.

TIPP

Das Buch *Sponsoringvertrag* von Ulrich Poser und Bettina Backes bietet eine gute Hilfestellung zur Verfassung individueller Sponsoringverträge in Eigenregie!

Mit den folgenden Ausführungen werde ich näher darauf eingehen, welche Inhalte ein selbst verfasster Sponsoringvertrag haben sollte. Eine Rechtsberatung kann und soll damit aber nicht erfolgen. Mein Ziel ist, den Leser mit den notwendigen Vertragsinhalten vertraut zu machen, so dass diese bekannt sind und in die Vertragsformulierung einfließen können. Einen so formulierten Vertrag sollte man aber auf Rechtssicherheit überprüfen lassen und diesen vor der Unterschrift einem Rechtsanwalt vorlegen. Die Kosten dafür sind in der Regel überschaubar.

8.4 Vertragsinhalte Sponsoringvertrag (nach Poser/Backes)

Die Autoren Ulrich Poser und Bettina Backes schlagen in ihrem Buch *Sponsoringvertrag* folgenden Aufbau für das eigene Vertragswerk vor:

1. Präambel
2. Sponsoringvertrag
   1. Leistung des Sponsors
   2. Gegenleistung des Gesponserten
   3. Ausschließlichkeit
   4. Wohlverhalten, Unterrichtung, Vertraulichkeit, Zweckbindung, Doping
   5. Persönliche Leistung, Abtretbarkeit
   6. Haftungsausschluss, Erfüllungsinteresse
   7. Sicherheitsleistung, Vertragsstrafe, Aufrechnung
   8. Inkrafttreten, Laufzeit, Optionsrechte
   9. Vorzeitige Vertragsbeendigung, Rückgewähr von Leistungen
   10. Schriftform, Zugang von Erklärungen, salvatorische Klausel
   11. Anwendbares Recht, Erfüllungsort, Gerichtsstand
   12. Anlagen

Welche Bedeutung und Inhalte die einzelnen Vertragsbestandteile haben, wird im weiteren Verlauf erklärt. Die zu den Erklärungen passenden Vertragsformulierungen findet man im bereits erwähnten Fachbuch.

Präambel

Das Verfassen einer Präambel ist bei der Erstellung eines Sponsoringvertrages zwar keine Voraussetzung, aber durchaus sinnvoll. Die Präambel übernimmt den Zweck einer Erklärungsfunktion. Sie verdeutlicht, wer die Vertragsparteien sind, welcher Zweck mit dem Sponsoringvertrag verfolgt wird und welche Aktivitäten gesponsert werden. Die Präambel kommt ohne komplizierte juristische Formulierungen aus und dient Dritten im Konfliktfall dazu, den Sponsoringsachverhalt schnell zu erfassen. Außerdem werden der beiderseitige Wille zur vertraglichen Regelung und die verfolgten Sponsoringziele dokumentiert. Die Präambel dient außerdem dazu, den Sponsoringvertrag zu verschlanken, indem man einheitliche Begriffe und deren Verwendung (zum Beispiel Sponsor, Gesponserter, Veranstaltung, Sponsoringprojekt et cetera) für das Vertragswerk definiert. Damit wird der Sponsoringvertrag deutlich verkürzt und sehr viel besser lesbar.

Leistung des Sponsors

Unter dem Vertragspunkt »Leistung des Sponsors« werden die Geld-, Sach-, oder Dienstleistungen definiert, die der Sponsor für die Leistung des Gesponserten zur Verfügung stellt.

Beispiel: § 1 Leistung des Sponsors

Der Sponsor verpflichtet sich, dem Gesponserten einmalig zum Zweck der Durchführung der Veranstaltung X am XX.XX.XXXX einen Betrag in Höhe von Euro ... zuzüglich der gesetzlichen Umsatzsteuer in der zum Zeitpunkt der Zahlung geltenden Höhe zu zahlen. Die Zahlung ist am XX.XX.XXXX fällig. Sie ist per Überweisung auf das Konto des Gesponserten bei der XY-Bank, IBAN [...], BIC [...] zum Zeitpunkt X zu entrichten. Entscheidend ist der Zahlungseingang auf dem Konto des Gesponserten.

Gegenleistung des Gesponserten

Da das Prinzip des Sponsorings auf Leistung und Gegenleistung beruht, muss im Sponsoringvertrag auch die vom Gesponserten zu erbringende Gegenleistung definiert werden.

Beispiel: § 2 Gegenleistung des Gesponserten

Als Gegenleistung für die in § 1 zu erbringenden Leistungen des Sponsors hat der Gesponserte folgende Leistungen zu erbringen:

(1) ...
(2) ...
(3) ...
und so weiter

Ausschließlichkeit

Obwohl viele Sponsoringengagements auch einen ideellen Hintergrund haben, besteht die hauptsächliche Intention eines Sponsors darin, die eigenen Kommunikationsziele zu erreichen. Das Erreichen dieser Ziele kann allerdings durch Mitbewerber, die ebenfalls im betreffenden Projekt als Sponsor aktiv werden (wollen), oder den Auftritt zu vieler Sponsoren geschmälert werden. Auch Tätigkeiten des Sponsoringnehmers für Werbepartner, die nicht als Sponsor auftreten, können den Wert der Werbeleistung für Sponsoren mindern.

Im Sinne des Sponsors sollte daher im Sponsoringvertrag unter dem Punkt Ausschließlichkeit geregelt werden, ob es neben dem Sponsor weitere Sponsoren gibt, ob der Sponsor Exklusivrechte besitzt und inwiefern der Gesponserte für andere Werbepartner tätig werden darf.

Die Ausschließlichkeitsvereinbarung ist extrem wichtig, da ein Verstoß gegen sie vom Sponsor als eine schwere Vertragsverletzung angesehen werden kann. Nicht selten führen solche Vertragsverletzungen dazu, dass der Sponsor frühzeitig aus dem Sponsoringvertrag aussteigt und auch entsprechende Schadensersatzforderungen stellt.

Wohlverhalten, Unterrichtung, Vertraulichkeit, Zweckbindung, Doping

Wohlverhalten

Natürlich ist dem Sponsor im Rahmen einer Sponsoringkooperation daran gelegen, dass der Gesponserte sich in der Öffentlichkeit im Sinne des Sponsors oder zumindest nicht schädlich für den Sponsor verhält. Der Gesponserte hingegen hat ein Interesse daran, dass er nicht bei der Ausführung seiner Aktivitäten oder der Erreichung seiner eigenen Ziele vom Sponsor eingeschränkt wird.

Im Sponsoringvertrag kann und sollte daher geregelt werden, dass sich der Gesponserte nicht negativ über den Sponsor, seine Produkte oder Dienstleistungen äußert. Auf der anderen Seite verpflichtet sich der Sponsor dazu, Rücksicht auf die schutzwürdigen Interessen des Gesponserten zu nehmen.

Diese Verhaltensgrundsätze werden allgemein in einer Generalklausel geregelt, da man nicht alle auftretenden Ereignisse vorhersehen kann und der Sponsoringvertrag dadurch unnötig aufgebläht werden würde.

Unterrichtung

Im Rahmen einer Sponsoringkooperation können immer wieder Ereignisse auftreten, die das Sponsoringengagement in irgendeiner Art und Weise beeinflussen. Daher sollten die Vertragsparteien vereinbaren, sich rechtzeitig über Umstände, die den Sponsoringvertrag beeinflussen können, aktiv zu informieren.

Vertraulichkeit

Auch wenn das Ziel einer Sponsoringkooperation darin besteht, die Zusammenarbeit zwischen Sponsor und Gesponsertem in der Öffentlichkeit zu kommunizieren, so gibt es zwischen den Vertragsparteien auch Absprachen, die nicht für die Öffentlichkeit bestimmt sind und daher vertraulich behandelt werden müssen. Dazu gehören insbesondere preisliche Absprachen, aber zum Beispiel auch die durch den Sponsor verfolgten strategischen Ziele. In der Vertraulichkeitserklärung wird auch geregelt, unter welchen Bedingungen Dritte (zum Beispiel Finanzbehörden) Einsicht in den Sponsoringvertrag nehmen dürfen.

Zweckbindung und Rechnungslegung

Besonders bei einem hohen Förderungsinteresse des Sponsors (zum Beispiel in den Sponsoringbereichen Kultur, Soziales, Ökologie und Nachwuchsförderung im Sport), kann dieser die zweckgebundene Verwendung der von ihm eingebrachten Sponsoringleistung verlangen. Gegebenenfalls möchte der Sponsor die Einhaltung dieser Vereinbarung auch überprüfen. Um diesem Wunsch zu entsprechen, kann dem Sponsor selbst oder einer unabhängigen dritten Person mit der Rechnungslegung Einsicht in die Bücher und/oder Geschäftsunterlagen des Gesponserten gewährt werden, die Informationen über die Verwendung der vom Sponsor bereitgestellten Mittel beinhalten.

Doping

Im Bereich Sportsponsoring sehen sich Sponsoren immer wieder mit der Dopingproblematik konfrontiert. Ein Dopingvergehen von Sportlern wirkt sich grundsätzlich schädlich auf das Sponsoringengagement aus. Daher sollte bei Sponsoringengagements im Sport auch das Thema Doping im Sponsoringvertrag berücksichtigt werden. Hierbei sollte man bei der Vertragsformulierung auf den jeweils national gültigen Anti-Doping-Code der Welt-Anti-Doping-Agentur (WADA) verweisen (in Deutschland ist dies der NADA-Code).

Persönliche Leistung, Abtretbarkeit

Persönliche Leistungserbringung

Der Sponsoringvertrag besitzt, verglichen mit vielen anderen Verträgen, im Hinblick auf die persönliche Leistungserbringung eine Besonderheit. In der normalen Wirtschaft kann eine vertraglich zugesicherte Leistung unter Umständen auch an einen Subunternehmer weitergegeben werden. Dem Auftraggeber wird dies in der Regel egal sein, solange er seine Leistung in der vereinbarten Qualität bekommt.

Ein Sponsor hingegen hat ein allergrößtes Interesse daran, dass die vereinbarte Leistung vom Gesponserten höchstpersönlich und nicht von einem beauftragten Dritten erbracht wird. Er wäre kaum einverstanden damit, wenn nicht der Gesponserte selbst, sondern ein damit beauftragter Dritter mit seinem Unternehmenslogo auftritt. Die Leistung für den Sponsor würde mit der zur Verfügung gestellten Werbefläche zwar erbracht werden, allerdings nicht von demjenigen, der die Leistung erbringen soll. Dies wäre zum Nachteil des Sponsors. Daher wird die persönliche Leistungserbringung soweit notwendig im Sponsoringvertrag geregelt.

Abtretbarkeit

Auch die Abtretung vertraglicher Forderungen an Dritte stellt beim Sponsoringvertrag ein Problem dar. Schließlich haben beide Vertragsparteien beim Sponsoring ein Interesse daran, dass sie nur mit dem jeweiligen Vertragspartner zu tun haben und nicht mit anderen Dritten.

Es kann dennoch sinnvoll sein, eine Abtretungsvereinbarung im Sponsoringvertrag aufzunehmen, welche die Option einer Abtretung der Forderungsansprüche nach schriftlicher Absprache beinhaltet. Dies macht beispielsweise im Falle von Inhaberwechseln beim Verkauf von Unternehmen oder ähnlichem durchaus Sinn.

Haftungsausschluss und Erfüllungsinteresse

Haftungsausschluss gegenüber Gesponserten

Bei den Haftungsausschlüssen im Sponsoringvertrag wird geregelt, ob und wofür der Sponsor beziehungsweise seine Erfüllungsgehilfen gegenüber dem Gesponserten aufgrund leichter Fahrlässigkeit, grober Fahrlässigkeit oder Vorsatz haftet.

Haftungsausschluss gegenüber Sponsor

Normalerweise ist es nicht möglich, dass Dritte (zum Beispiel bei der Durchführung einer Veranstaltung) den Sponsor für sein Mitwirken haftbar machen, da es keine vertragliche Regelungen zwischen diesen Parteien gibt. Hier greifen in der Regel die allgemeinen Geschäftsbedingungen des Veranstalters. Es gibt aber trotzdem Fälle, in denen ein

Sponsor in Regress genommen werden kann. Das ist dann der Fall, wenn dem Gesponserten im Rahmen der Durchführung eines Sponsoringprojektes Produkte, Dienstleistungen oder Mitarbeiter zur Verfügung gestellt werden.

Will man als Sponsor vorsorglich eine Haftung gegenüber Dritten ausschließen, dann sollte der Gesponserte dazu verpflichtet werden, in Verträgen mit Dritten (zum Beispiel Veranstaltungsbesuchern, Lieferanten et cetera) zu vereinbaren, dass eine Haftung gegenüber dem Sponsor eingeschränkt oder ausgeschlossen ist. Zudem kann der Sponsor vom Gesponserten im Sponsoringvertrag eine Versicherung gegen Sach- und Personenschäden verlangen. Dies sichert ihn zusätzlich gegen Schadensersatzansprüche ab. Die Übernahme der Kosten für die Versicherung sollte dann ebenfalls vertraglich geregelt werden.

Haftungsbeschränkung zugunsten des Gesponserten

Ein Sponsor verfolgt mit einem Sponsoringengagement in der Regel kommunikative Ziele und verlangt vom Gesponserten eine entsprechende kommunikative Gegenleistung. Allerdings hängt der Umfang dieser kommunikativen Leistung von vielen, vorher nicht absehbaren Faktoren ab (zum Beispiel Medienpräsenz, Anzahl Veranstaltungsbesucher et cetera). Diese hat der Gesponserte aber nicht alle selbst in der Hand. Daher sollte der Gesponserte (sofern dies nicht Hauptbestandteil der Vertragsleistung ist) von einer Haftung in Bezug auf das Erreichen der kommunikativen Ziele des Sponsors ausgeschlossen werden, solange er keine wesentlichen vertraglichen Pflichten schuldhaft verletzt.

Erfüllungsinteresse

Das Erfüllungsinteresse bezeichnet das Interesse des Gesponserten an der ordnungsgemäßen Vertragserfüllung gegenüber dem Sponsor. Es sollte ebenfalls in den Sponsoringvertrag hineinformuliert werden.

Die Formulierung eines Erfüllungsinteresses im Sponsoringvertrag hilft dem Gesponserten dabei, Schadensersatzansprüche für ein schuldhaftes Verhalten seinerseits auf einen bestimmten Betrag zu begrenzen. Kann nämlich durch ein schuldhaftes Verhalten des Gesponserten die Schadenshöhe quantifiziert und gemessen werden, dann hat der Sponsor die Möglichkeit, den Schaden beim (zumeist finanziell klammen) Gesponserten geltend zu machen. Um dieses Risiko zu minimieren, kann die Höhe des Erfüllungsinteresses gegenüber dem Sponsor auf einen bestimmten Betrag begrenzt werden.

Sicherheitsleistung, Vertragsstrafe, Aufrechnung

Sicherheitsleistung

Im Rahmen einer Sponsoringkooperation kann es vorkommen, dass der Gesponserte für die Umsetzung der Sponsoringkooperation in erhebliche Vorleistung treten muss. So ist beispielsweise die Planung und Umsetzung mancher Sponsoringprojekte nur mit erheblichem finanziellen Aufwand möglich.

Es ist aber auch denkbar, dass der Gesponserte sich gegen die Zahlungsunfähigkeit des Sponsors absichern möchte oder Finanzmittel für die Zahlung eventuell vereinbarter Sonderprämien (zum Beispiel das Überschreiten einer bestimmten Zuschauerzahl bei einer Veranstaltung, der Gewinn sportlicher Titel et cetera) im Sponsoringvertrag festhalten möchte. Daher können zur Absicherung dieser Zahlungen Sicherheitsleistungen in Form von Bürgschaften oder durch Hinterlegung auf einem Treuhandkonto vereinbart werden.

Somit hat der Gesponserte die Sicherheit, dass er im Erfolgsfall Zugriff auf die vereinbarten Finanzmittel hat. Die treuhänderische Abwicklung von Sponsoringzahlungen hat aber auch Vorteile für den Sponsor. Sollte das Sponsoringprojekt nämlich scheitern, dann kann er die zur Verfügung gestellten Mittel unkompliziert wieder einfordern.

Vertragsstrafen

Allgemeine Vertragsstrafen

Vertragsstrafen, die im Sponsoringvertrag vereinbart werden, dienen der Sanktionierung von nicht erbrachten Leistungen. Hierbei ist zu beachten, dass eine Vertragsstrafe nicht unverhältnismäßig hoch ausfallen darf.

Vertragsstrafen bei Dopingvergehen

Die Formulierung von Vertragsstrafen findet vor allem im Bereich Sportsponsoring Anwendung, da hier die Möglichkeit einer Schädigung des Sponsors bei Dopingvergehen besteht. Daher sollte das Thema Doping bei Sportsponsoringverträgen auf jeden Fall thematisiert und es sollten Vertragsstrafen festgelegt werden. So könnte zum Beispiel die Vertragsstrafe im Falle eines Dopingvergehens darin bestehen, dass der Gesponserte die Sponsoringleistungen der vergangenen zwei Jahre an den Sponsor zurückzahlen muss. Grundlage für eine Dopingvereinbarung sind immer die Dopingregelungen der Welt-Anti-Doping-Agentur beziehungsweise ihrer nationalen Organisationen (in Deutschland die NADA) sowie die jeweils aktuellen Listen verbotener Substanzen.

Inkrafttreten, Laufzeit, Optionsrechte

Inkrafttreten

Aus Gründen der Rechtssicherheit sollte im Sponsoringvertrag geregelt werden, ob der Vertrag bereits mit der Unterschrift in Kraft tritt oder zu einem anderen Zeitpunkt.

Laufzeit

In einem Sponsoringvertrag sollte neben seinem Inkrafttreten immer auch seine Beendigung geregelt werden. Daher sollten unbefristete Sponsoringverträge entsprechende Kündigungsklauseln beinhalten.

Für die Begrenzung von Vertragslaufzeiten beziehungsweise die Beendigung von Verträgen gibt es unterschiedliche Möglichkeiten:

- Beendigung des Vertrages nach Ablauf der Vertragslaufzeit ohne Notwendigkeit der Kündigung
- Beendigung des Vertrages ohne ordentliche Kündigung (Vertrag kann nicht ordentlich vor Ablauf der Vertragslaufzeit gekündigt werden)
- Beendigung des Vertrages mit ordentlicher Kündigung (Vertrag kann vor Beendigung der Vertragslaufzeit ordentlich gekündigt werden)
- Automatische Verlängerung des Sponsoringvertrages (Vertrag verlängert sich zu denselben Konditionen automatisch, wenn nicht eine der Vertragsparteien fristgerecht kündigt)

- Unbefristete Verträge (sollten ein ordentliches Kündigungsrecht beinhalten, ansonsten gelten die gesetzlichen Kündigungsfristen)
- Außerordentliche Kündigung des Vertrages

Da eine Sponsoringkooperation nach Kündigung beziehungsweise Beendigung des Vertrages neu verhandelt und neu vertraglich geregelt werden muss, ist diese Variante mit einem erheblichen zeitlichen und finanziellen Aufwand verbunden. Daher bietet es sich an, eine Vereinbarung zu treffen, nach der sich der Vertrag nach Ablauf der Vertragslaufzeit automatisch verlängert, sofern nicht eine der beiden Vertragsparteien den Vertrag fristgerecht kündigt. Somit halten sich beide Parteien eine Vertragsverlängerung zu denselben Konditionen offen.

Optionsrechte

Mit einem Optionsrecht wird einem Sponsor das Recht eingeräumt, den Vertrag innerhalb einer zuvor festgelegten Frist einseitig zu verlängern. Dies ist besonders für den Sponsor von Vorteil. Eine solche Regelung kann für den Gesponserten allerdings nachteilig sein, wenn sich die Rahmenbedingungen der Sponsoringkooperation wesentlich geändert haben (zum Beispiel gesteigerte Bekanntheit oder gesteigerter Marktwert des Gesponserten). Für diesen Fall kann dem Gesponserten eine Vertragsverlängerung zu denselben Konditionen eigentlich nicht zugemutet werden. Daher sollte neben dem Optionsrecht auch die Möglichkeit einer Nachverhandlung seitens des Gesponserten im Sponsoringvertrag definiert werden.

Eine weitere Form des Optionsrechts kann darin bestehen, dass man einem Sponsor das Recht einräumt, Sponsoringverträge, die für den Zeitraum nach Beendigung der Sponsoringkooperation mit Dritten ausgehandelt wurden, zu übernehmen. Dies gibt dem Sponsor die Chance, unliebsamen Wettbewerbern die Sponsoringplattform zu verwehren.

Damit der Sponsor von dieser Option Gebrauch machen kann, muss im Sponsoringvertrag außerdem vereinbart werden, dass der Gesponserte den Sponsor über den Stand der Verhandlungen mit anderen potenziellen Sponsoren informiert. Wurde diese Regelung getroffen und informiert der Gesponserte den Sponsor nicht über den Verhandlungsstand mit Dritten, macht er sich schadenersatzpflichtig. Außerdem muss der mit Dritten verhandelte Vertrag ein Rücktrittsrecht zugunsten des bestehenden Sponsors beinhalten, damit dieser von seiner Option Gebrauch machen kann.

Vorzeitige Vertragsbeendigung, Rückgewähr von Leistungen

Vorzeitige Vertragsbeendigung

Ein Sponsoringvertrag ist ein gesetzlich nicht geregelter, sogenannter atypischer Vertrag. Für diese Art von Verträgen gilt im Falle einer Leistungsstörung, also der Nichterfüllung einer vereinbarten Leistung, das allgemeine Schuldrecht. Daher müssen auch die Voraussetzungen und Rechtsfolgen für die vorzeitige Beendigung des Sponsoringvertrages durch ordentliche oder außerordentliche Kündigung, für die es keine gesetzliche Regelung gibt (zum Beispiel durch Mietrecht, Kündigungsrecht, Markenrecht, Dienstleistungsrecht et cetera), separat im Sponsoringvertrag vereinbart werden.

Zu einer fristlosen Kündigung sind die Vertragsparteien immer dann berechtigt, wenn eine schuldhafte Verletzung der wesentlichen Vertragsverpflichtungen durch eine der beteiligten Vertragsparteien vorliegt. Auch wenn gegen allgemeine Grundsätze des Wohlverhaltens, Informationsverpflichtungen oder Vertraulichkeitsvereinbarungen verstoßen wird, kann eine Vertragspartei (meistens der Sponsor) den Vertrag unter bestimmten Voraussetzungen fristlos kündigen. Zudem schließt eine fristlose Kündigung auch Schadenersatzzahlungen nicht aus.

Aber nicht nur Verstöße gegen die vertraglichen Vereinbarungen, sondern auch Verstöße gegen Spiel- und Wettkampfregeln oder Vereins- oder Verbandsregelungen oder die Verletzung von Gesetzen, die den Sponsoringvertrag beeinträchtigen, können zu einer fristlosen Vertragskündigung führen.

Neben der Möglichkeit zur fristlosen Kündigung aufgrund von Vertragsverletzungen kann eine fristlose Kündigung auch aus wichtigen Gründen erfolgen, die ebenfalls im Sponsoringvertrag geregelt werden sollten. Beispiele:

- Durchführung des Sponsoringvertrages nicht möglich (zum Beispiel Absage der gesponserten Veranstaltung, Krankheit oder Verletzung der gesponserten Person et cetera)
- Änderungen der Ausgangsbedingungen beim Sponsor (Inhaberwechsel, Unternehmensumwandlungen, Wechsel der Anteilseigner et cetera)

- Unzumutbare Änderung der Rahmenbedingungen beim Sponsor, welche die Interessen des Gesponserten nachteilig beeinträchtigen (Imageprobleme des Sponsors, Neuausrichtung des Unternehmens et cetera)
- Willentliche Nichtfortführung der gesponserten Aktivitäten durch den Gesponserten
- Untersagung vertraglich vereinbarter kommunikativer Maßnahmen durch Gerichte (hierbei sollte auch geregelt werden, dass die bereits durch den Sponsor erbrachte Leistung nicht zurückerstattet werden muss)
- Geänderte Werbestrategie des Sponsors (auch hier sollte geregelt werden, dass eine bereits durch den Sponsor erbrachte Leistung nicht erstattet werden muss)

Auch das Thema Insolvenz sollte im Sponsoringvertrag für beide Seiten geregelt und die Möglichkeit der Kündigung bei drohenden oder eintretenden Insolvenzen gegeben sein.

Für die fristlose Kündigung aus wichtigem Grund sollten den Vertragsparteien im Sponsoringvertrag immer auch angemessene Kündigungsfristen eingeräumt werden.

Rückgewähr von Leistungen

Neben den Regelungen zur Kündigung sollte im Sponsoringvertrag auch definiert werden, welche Folgen die Kündigung hat. Hierbei stellt sich die Frage, ob und inwieweit bereits gewährte Leistungen zurückerstattet werden können und müssen. Gibt es keine Vereinbarung dazu, dann müssen gewährte Leistungen typischerweise nicht zurückerstattet werden, was für beide Vertragsparteien unter Umständen ein Risiko darstellt.

Schriftform, Zugang von Erklärungen, salvatorische Klausel

Schriftform

Die Schriftform eines Sponsoringvertrages begründet sich aus seiner Komplexität und der Notwendigkeit, im Fall von Meinungsverschiedenheiten eine Beweisgrundlage in der Hand zu haben. Daher sollten alle im Rahmen der Sponsoringkooperation getroffenen Regelungen immer schriftlich vereinbart werden. Dieses Vorgehen wird in Form einer Schriftformklausel im Sponsoringvertrag festgehalten.

Die Regelung zur Schriftform besagt, dass beide Vertragsparteien alle Inhalte, Änderungen und Ergänzungen des Sponsoringvertrages schriftlich getroffen haben und es keine mündlichen Nebenabsprachen gibt.

Zugang von Erklärungen

Liegt dem Sponsoringvertrag eine Schriftformerfordernis zugrunde, sollte man auch regeln, wie Vertragsänderungen und Ergänzungen formell zu handhaben sind. Grundsätzlich empfiehlt es sich, wichtige Mitteilungen, die sich auf die Vertragsvereinbarung auswirken, schriftlich einzureichen.

Wichtig dabei ist, dass man im Streitfall belegen kann, dass die Mitteilung dem Vertragspartner auch zugegangen ist. Daher reicht für die Zustellung ein einfacher Brief, ein Fax oder eine E-Mail nicht aus. Der Zugang der Mitteilung muss schriftlich belegt werden können, zum Beispiel anhand einer schriftlichen, unterschriebenen Zugangsbestätigung vom Empfänger (unterschriebene Rückantwort, Einschreiben mit Rückschein et cetera).

Salvatorische Klausel

Die salvatorische Klausel dient dazu, den Sponsoringvertrag auch dann aufrechtzuerhalten, wenn einzelne Vertragsinhalte sich als unwirksam oder undurchführbar herausstellen oder wichtige Dinge nicht geregelt wurden. Sie bewahrt den Vertrag vor seiner Ungültigkeit und gibt die Möglichkeit zur Nachbesserung.

Anwendbares Recht, Erfüllungsort, Gerichtsstand

Anwendbares Recht

Natürlich muss auch festgelegt werden, welches Landesrecht auf den Sponsoringvertrag anzuwenden ist. Dies wird dann relevant, wenn eine Vertragspartei im Ausland tätig ist und es zu rechtlichen Streitigkeiten kommt. Wurde keine Regelung dazu getroffen, welches Landesrecht im Vertrag Anwendung finden soll, dann kann der Vertrag unter gewissen Umständen unter das Recht des Landes fallen, in der die jeweilige Vertragspartei ihren gewöhnlichen Aufenthaltsort beziehungsweise ihre Hauptverwaltung hat. Dies kann sich dann für eine oder beide Vertragsparteien äußerst negativ auswirken und bei der Notwendigkeit eines ausländischen Rechtsbeistandes sehr kostspielig werden.

Erfüllungsort

Im Sponsoringvertrag sollte auch der Erfüllungsort festgehalten werden, also der Ort, an dem die Sponsoringleistung erbracht wird. Der Erfüllungsort ist materiell-rechtlich von Bedeutung, da er Entstehung, Veränderung und Untergang von Rechten regelt. Außerdem ist er auch prozessrechtlich relevant und bestimmt den Ort, an dem bei Rechtsstreitigkeiten prozessiert wird.

Als Erfüllungsort bietet sich der Wohn- oder Gewerbesitz des Gesponserten, der Wohn- oder Gewerbesitz des Sponsors oder ein davon abweichender Erfüllungsort an, auf den sich beide Parteien einigen.

Gerichtsstand

Der Gerichtsstand bezeichnet den Ort, an dem das für den Sponsoringvertrag zuständige Gericht seinen Sitz hat. Allerdings kann der Gerichtsstand nur vereinbart werden, wenn beide Vertragsparteien juristische Personen sind (zum Beispiel ein im Handelsregister eingetragenes Unternehmen, ein Verein oder eine Stiftung).

Ist der Gesponserte keine juristische Person, dann kann im Sponsoringvertrag kein Gerichtsstand vereinbart werden. Im Falle von Rechtsstreitigkeiten wird dieser nachträglich festgelegt.

Anlagen

Dem Sponsoringvertrag sollten sämtliche vertragsrelevante Anlagen in Form einer Anlagenliste beigefügt werden, um diese rechtsgültig in das Vertragswerk zu integrieren. Sollten zu einem späteren Zeitpunkt weitere Anlagen hinzukommen, dann ist die Anlagenliste entsprechend zu ergänzen, damit auch diese Bestandteil des Vertrages sind.

Checkliste Sponsoringvertrag (Gestaltung in Eigenregie)

- ❍ Wird der Sponsoringvertrag schriftlich geschlossen?
- ❍ Liegen rechtssichere Vertragsmuster vor (Vorlagen-Empfehlung: Poser, U., Backes, B. (2010): Sponsoringvertrag. C.H.Beck; 4., neu bearbeitete Auflage.)?
- ❍ Beinhaltet der Vertag eine Präambel?
- ❍ Werden die Leistungen des Sponsors genannt?
- ❍ Werden die Gegenleistungen des Gesponserten genannt?
- ❍ Gibt es eine Ausschließlichkeitsvereinbarung?
- ❍ Wurden Regelungen zum Wohlverhalten getroffen?
- ❍ Wurden Regelungen zur Unterrichtung über Ereignisse getroffen, die den Sponsoringvertrag beeinflussen können?
- ❍ Gibt es eine Vertraulichkeitsvereinbarung?
- ❍ Wurden Zweckbindung und die Rechnungslegung vereinbart?
- ❍ Bei Sportsponsoringverträgen: Gibt es eine Dopingklausel?
- ❍ Wurde die persönliche Leistungserbringung durch den Gesponserten vereinbart?
- ❍ Gibt es eine Abtretbarkeitserklärung?
- ❍ Wurde ein Haftungsausschluss gegenüber dem Gesponserten vereinbart?
- ❍ Wurde ein Haftungsausschluss gegenüber dem Sponsor vereinbart?
- ❍ Gibt es eine Haftungsbeschränkung zugunsten des Gesponserten?
- ❍ Wurde ein Erfüllungsinteresse des Gesponserten gegenüber dem Sponsor festgehalten?
- ❍ Wurden Sicherheitsleistungen vereinbart?
- ❍ Wurden Vertragsstrafen definiert?
- ❍ Wurde das Inkrafttreten des Vertrages definiert?
- ❍ Wurde die Vertragslaufzeit festgelegt?
- ❍ Werden dem Sponsor Optionsrechte eingeräumt, wenn ja, welche?
- ❍ Wurden die Bedingungen für eine vorzeitige Vertragsbeendigung festgelegt?

- ❍ Wurde die Rückgewähr von Leistungen im Fall einer vorzeitigen Vertragsbeendigung geregelt?
- ❍ Gibt es eine Schriftformvereinbarung?
- ❍ Wurde geregelt, wie schriftliche Erklärungen, die den Vertrag betreffen, zugestellt werden müssen?
- ❍ Gibt es eine salvatorische Klausel?
- ❍ Wurde festgelegt, welches Recht auf den Vertrag angewendet werden soll?
- ❍ Wurde ein Ort für die Vertragserfüllung (Erfüllungsort) festgelegt?
- ❍ Wurde das für den Vertrag zuständige Gericht festgelegt (Gerichtsstand)?
- ❍ Wurden dem Vertrag alle vertragsrelevanten Anlagen in Form einer Anlagenliste beigefügt?
- ❍ Haben beide Vertragsparteien den Vertrag unterzeichnet?

Literaturverzeichnis

Roland Bischof (2009): Wie Profis Sponsoren gewinnen. Basiswissen und Leitfaden für die Praxis. 3. Auflage, BusinessVillage.

Manfred Bruhn (2003): Sponsoring. Systematische Planung und integrativer Einsatz. 4. Auflage, Gabler.

Michael Dinkel; Jens Seeberger (2007): Planung und Erfolgskontrolle im Sponsoring. Die Medienanalyse in Theorie und Praxis. Abcverlag.

Gesellschaft für Kulturmarketing und Kultursponsoring mbH (2010): Kultursponsoringmarkt Deutschland 2010.

Kulturkreis der deutschen Wirtschaft im Bundesverband der Deutschen Industrie e. V. (2008): Unternehmerische Kulturförderung in Deutschland.

Landessportbund Nordrhein-Westfalen: Muster Sponsorenvertrag. www.vibss.de/fileadmin/Medienablage/Marketing/Sponsoring/Muster_Sponsoringvertrag.pdf, abgerufen am 8. Juni 2023.

Ostfalia Hochschule für angewandte Wissenschaften (2012): Sponsoring Trends 2012.

Ulrich Poser; Bettina Backes (2010): Sponsoringvertrag. 4., neu bearbeitete Auflage, C.H.Beck.

smartsteuer.de (2022): Sponsoring: Das Wichtigste in Kürze. Stand 16. Dezember 2022. www.smartsteuer.de/online/lexikon/s/sponsoring, abegrufen am 6. Juni 2023.

SPORTBUZZER.de (2023): Vertrag langfristig verlängert: FC Bayern schließt neuen Millionen-Deal mit Sponsor. www.sportbuzzer.de/artikel/fc-bayern-vertrag-allianz-verlangerung-sponsor-millionen/#:~:text=Der%20FC%20Bayern%20München%20wird,rund%20130%20Millionen%20Euro%20einbringen., abgerufen am 6. Juni 2023.

Der Autor

Der Diplom-Sportwissenschaftler, Blogger und Sponsoringexperte Andreas Will war bei der Sportmarketing-Agentur ad.letics in Köln und dem ehemaligen Fußball-Zweitligisten SSV Reutlingen im Marketing für die Sponsorenakquise verantwortlich. Seit 2010 ist er als selbstständiger Marketingberater tätig und unterstützt unter anderem Sportler, Künstler, Eventveranstalter, Vereine und gemeinnützige Organisationen bei der Sponsorensuche.

Kontakt:

E-Mail: a.will@andreaswill.com
Internet: www.sportmarketing-sponsoring.biz

Think Gold

Andreas Klement, Thomas Lurz
Think Gold
Denken und handeln wie Spitzensportler

252 Seiten; 2022; 19,95 Euro
ISBN 978-3-86980-620-4; Art.-Nr.: 1131

Sport hat den Nimbus des Erfolges. Doch Siege und Medaillen sind nur die eine Seite. Die weniger glamouröse wird gerne ausgeblendet: Niederlagen und Anstrengung.

Doch genau diese weniger glamouröse Seite ist die entscheidende Basis für den Erfolg – mit dem wir uns alle irgendwie identifizieren.

Klement und Lurz' Buch zeigt, wie Erfolg und Misserfolg untrennbar miteinander verbunden sind. Eindrucksvoll identifiziert es die Erfolgsmechanismen aus dem Sport und verrät viel darüber, was Erfolgstypen gemeinsam haben. Und diese Prinzipien sind universell. Sie gelten in der Wirtschaft und für jeden von uns im Privaten.

Das Buch illustriert anhand prominenter Beispiele aus den verschiedensten Sportarten und Disziplinen, wie wir uns diese Prinzipien zu eigen machen. Dabei ist es ganz gleich, für welche Erfolgsstrategie wir uns entscheiden – letztlich profitieren wir davon in Beruf, Business und Privatleben.

www.BusinessVillage.de